數位印刷與教學應用之數位印刷機制

郝宗瑜◎著

世新大學　圖文傳播暨數位出版學系　助理教授

目錄

前言

科技的發明與持續的創新，引領了世界的風潮，使得士農工商，先後的進入了數位化的世界，印刷出版業界在這股洪流當中，也如同其他行業，並未置身事外。電腦數位化的結果，不僅是在印刷出版相關的產品上的品質、效率上與客戶服務上，有長足的精進，而且在成本的管控上，更能大幅的降低，也使得印刷出版業界的應用層面，可以橫向（水平）與縱向（垂直）的延伸的更加寬廣。

最近一二十年，在印刷的軟硬體科技的快速進步之下，帶給了印刷出版業界新的面向與新的視野，但同時也伴隨著新的挑戰與契機。雖然是如此，我們也必須謙虛的體認知到，印刷並非是所謂主流學科，而應該是一種以應用為主的學科與產業，但出版業界確是內容與文化產業中最為重要的支柱，但也在國內市場較受限制的先天不足的環境之下，這些年來的成長有了些許受阻的情形，而這些情勢正是我們印刷出版業界在全面數位化之後，仔細思量的時候了。

我們都清楚的的知道，印刷業界是由傳統的採用大量的人工生產製作流程，進步到了大量使用電腦，來進行印刷數位化的生產流程，也就是儘可能的減少線上生產人員的員工數目，和儘可能可降低人為操作時所可能發生的錯誤等等，以便能提昇印刷商品與產品的生產品質、生產效率、降低生產成本、與增加印刷整體生產的效能（Alexander, 2003; Romano, 2000; Smith, 2005; Tolliver-Nigro, 200a, 2005b）。但在由所謂傳統印刷到印刷數位化的轉型過程當中，印刷業所必須擔負的社會責任（因可能會大量降低員工人數）與企業經營（同業與異業的競爭）的兩難問題間，需要作一些妥協與尋找平衡，而這確實是需要些時間與金錢，與用心思考未來發展方向的整體策略等有形與無形成本的，或許可稱為印刷出版業界的再造工程（Re-engineering），而這工程不可謂之不大。

PIA（Printing Industries of America）在 2000 年時所做的預測，百分之十五的印刷品將於一天之內運送出去，百分之十八將於五天內運送，百分之十三將在五到八天內運送出去，而在近期內這種效率還會愈加提高，預估在 2010 年將有百分之三十的印刷品將在一天或更短的時間內完成工作（Davis, 2004b）。這些數據強烈的表示出，電腦數位印刷科技所帶來的功效，沒有這一步的提昇，的確不敢想像我們印刷出版業界還在哪裡蹉跎，停留在哪一個世代之中。

印刷出版業界誠如和其他的生產製造服務業一般，走進了電腦數位化的世界，搭上了這必然要走的現代化列車，一走就已經走了快二十年了，雖然在路途中，有許許多多的艱難險阻，但辛苦的代價也看得出來，電腦數位化的成效已經浮現出來，只是這種成果是否符合或超過原先的計劃與期待，則見仁見智，或許有人會說相較於歐美日等先進國家，印刷出版業界進步，的速度走的還是太慢了，總是落後了先進國家一大截，但是不可諱言的，印刷出版業界的先進前輩們與新進的從業生力軍，他們共同的努力是不可以抹煞的，因為他們的用心與投入是可以清楚的見識得到的，畢竟穩定的成長與進步，猶如逆水行舟，不進則退，而在這資訊爆炸的時代當中，如果不努力求上進，明日就可能被淘汰。也因此，驅動了印刷出版業界的積極進取之心，邁開步伐，接受與導入新知識、新技術、新觀念、與新設備等等，來迎接未來的新挑戰。本書主要嘗試要討論印刷數位化之後的數位印刷之應用層面，以及可能發展方向與市場未來的走向，並就數位印刷機制在教學方面的相關議題與建置之可能性。

第一章、何謂數位印刷

電腦化與數位化既然是印刷出版業界必須要走的方向，而且也早已朝此方向前進了，然而數位印刷則僅僅是整體印刷出版業界中，在電腦數位化的過程當中，軟硬體設備中的其中一環而已，而原先認定的可以大量生產複製平面商品或是產品的傳統印刷，已然可以有不同的市場與應用，所以數位印刷與原來所謂傳統印刷也有了區隔，既然有不同的或是新興的市場與應用，因此我們有必要知道數位印刷的定義。

第一節、數位印刷的定義

二十年前的 1985 年，Steve Jobs 等人主導下的蘋果電腦（Apple Computer）公司，推出旗下第一個個人電腦－麥金塔（Macintosh）電腦，進而 Aldus（現已被 Adobe 併購）公司的 PageMaker 編輯排版出版軟體，與愛普生（Epson）公司的點矩陣印表機（Dot-Matrix Printer）等軟硬體相繼的進入市場，引發了對印刷出版業的第一波革命，對原來全部手工作業的印刷出版業，有著截然不同的與巨大的影響，尤其是對印前作業的生產作業流程，帶來了非常戲劇化的改變，而這個改變僅是對印刷出版業數位化的濫觴。這第一波的革命就是 DTP（Desktop Publishing System），也就是桌上出版系統，此系統的引進與導入，造就了印前領域的大震盪，做到以前手工無法達到的效果，而且對印刷出版業界的品質與效率，有著卓越的提昇與長進。

而 Xerox 在 1990 年首先推出了 DocuTech 黑白高速數位印刷機的機種後，數位印刷為印刷出版市場帶來了一種全新的面貌，而這新的衝擊所引發的研究與發展，的確對業界帶來了新的機會與挑戰，也因此數位科技的應用，又再一次的更上一層樓，也造成了印刷出版業後來的蓬勃發展，也一直演進到現在，而且持續的發光發熱中，但也同時帶來了同業與異業之間，不可比擬的競爭與挑戰。

在新興數位印刷科技的相繼問世之下，Computer-to 的科技對印刷出版業界造成了極大的進展與影響，且這類的科技也早已經進入到印刷出版業界的生產線上了，而且在不同的市場領域各領風騷，Computer-to 科技可簡單的分為三種，（一）Computer-to-Plate 電腦直接製版，又可稱離線製版（Off-line Plate Making）、（二）Computer-to-Press 印刷機上直接製版，又可稱印刷機線上直接製版（On-line Plate Making or Direct Imaging）、（三）Computer-to-Paper（Print, Proof）電腦直接印刷，又可稱為數位印刷（Digital Printing）。而本書所要著墨的，是以第三類的電腦直接印刷－數位印刷為主。

但要投入數位印刷科技的領域，大量資金的投資恐怕是在所難免的。早期軟硬體的投資金額的確令人卻步，尤其是國內的情形，本來國內對此就比國外歐美日等國家，在引進新的技術與設備有著落後與猶豫的特性，再加上國內的經濟情況與國外有著不同的經濟體系，而且國內的相關印刷出版廠商，大都屬於中小企業，直接敢向前衝的印刷出版業者卻是不多的，在相關機材設備商強力的推廣下，才導致業界有了初淺的了解與接受，大型公司行號當然先有能力可以進入此領域，甚至間接與印刷出版有關的公司也進入此領域。而好消息的是，近年來的數位印刷設備，已經使得中小型的印刷相關產業之公司行號，甚至獨立的公司與個人等，可以有能力購買設備而因此進入了市場，亦即在資金成本上，進入障礙降低了許多。

早在 1999 年時就已經有了四千套電腦直接製版機裝機，一千四百套線上直接製版印刷機裝機，也有二萬三千九百套的數位印刷機的設備進入市場，且已經有百分之七的印刷公司擁有數位印刷設備（Ryan, 2000）。2005 年的現在，印刷出版業界，已經擁有相當多的 Computer-to 科技的數位印刷相關機材設備了，如此大的市場需求量，也給予印刷相關機具製造商相當大的鼓勵，表示這些設備是被市場所接受的，並已經為一般大眾所了解以及應用的了，使得機具製造商更可以大力的研究發展出更新更好的軟硬體設備，例如更大尺寸的機器、更經濟的機種、更環保的版材與處理過程、更高的解析度、更簡易的作業流程、更多功能的應用軟體與更快速的機種等等。

我們當然需要了解什麼是所謂的數位印刷，就其廣義的定義而言，在個人電腦如此流行之際，其實數位印刷機也幾乎是家家戶戶皆有的，那就是印表機，數位印刷是將電子檔案（Electronic file ）或是數位資料直接送入印刷列印設備，並使用點（dot）來複製檔案內容於被印物體（通常為紙張）上的科技，而這檔案的內容可以是文字、影像與圖形等（Romano, 1999; 那福忠，2005 不光是印刷）。說的更明確或狹義一點，數位印刷是一種從創造到輸出，藉由電腦且全程使用數位化格式的一種印刷複製過程，數位印刷機直接將檔案內容的資訊轉印在紙張上，而沒有使用傳統平印機的滾筒來轉印，因此數位印刷所指的是非接觸的電子印刷（Non Impact Printing, Electronic Printing）或是噴墨印刷（ “Designing for Digital,” 2002）。

誠如以上的詮釋，按照廣義數位印刷的定義，最簡單的數位印刷設備，其實早在二十餘年前就已經有了，早期的點陣式印表機就是其中的典型代表之一，是將電腦製作的檔案資料，透過印表機列印出來，這其中並沒有涉及品質、時效、成本甚至其他的考量，而只是單純的將資訊列印出來而已。其實軟硬體設備是相對的較為簡單的事情，重點可能是我們要思考，如何將數位印刷的能耐加以有效益與有效能的應用，並且要教育我們在市場上的客戶與一般大眾，告訴他們數位印刷種種新型態的應用，已非昨日的應用而已了。

身為讀者的您，可能會相當訝異數位印刷的定義是否會太過簡單了，印刷實際上就是所謂的複製，而家中所用的印表機，不論是雷射或是噴墨印表機，不論是黑白的或是彩色的印表機，都是可以進行印刷複製的，而市面上應用於紙張上的平面媒體，都可以藉由這簡單的設備來進行列印輸出的，只是品質與速度等並非主要考量的因素罷了。不論數位印刷是廣義或狹義的解釋，它確實是新一代的數位印刷科技當中，最具有認同的發明與創新之一，但絕對不是會傳統印刷的終結者，他們之間應該是並存並容與相輔相成的。

第二節、數位印刷有何優勢與優點

除了印刷出版業界的公司之外，事實上數位印刷也已成功的進入了其他的公共領域，如桌上彩色雷射印表機及多功能事務機，小尺寸與大尺寸的噴墨印表機，在中大型企業之內的各個部門、廣告創意公司、政府機關、製造業建築工程機構、商業展覽公司、與教育機構等等，因此數位印刷可以說是印刷出版業界的明日之星。但我們必須要有正確的觀念，千萬不要認為數位印刷就是印刷出版業的領域，其他領域的專業或非專業人士是不可能進入的，在此我們必須對印刷出版業界提出不太順耳的真話，現在數位印刷領域的進入障礙，實在不是很高，每個非相關領域的人皆有能力或是機會來參與，再加上數位印刷設備之廠商，為了大幅提昇此市場的規模，必定會積極的花上相當大的心力去促銷，並輔導已經採購數位印刷設備的業者，讓他們能在短時間內熟悉系統的操作與流程，並能順利的進入市場。在印刷出版業界中，數位印刷所得到關愛的眼神，已遠遠超過其他業界內所發生的事務，現有的印刷出版相關的展覽、說明會、研討會、與論文發表會等，大家都在討論，因為它蘊藏著印刷出版業界無限成長的希望與空間（Miley, 2003b）。

我們可以進一步的從數位印刷的特性與其廣義和狹義上的定義，而簡單的分析並歸納出數位印刷可以有下列幾項優點或是優勢。（一）可以列印短版的印刷品（最短版印刷為一張或一份印刷品）、（二）即時處理印件（Just-in-time）的能力、（三）使用資料庫與直接郵件行銷以增加回收率、（四）先分布然後印刷（Distribute and Print）、（五）簡單且即時的資料更新、（六）較短與較快的週轉率、（七）可以做數位彩色打樣、（八）可以做一對一行銷（One-to-One Marketing）、（九）可以列印可變印紋於印刷品上、（十）環保的列印輸出、（十一）降低總成本、（十二）改進客戶服務水準、與（十三）減少不必要的浪費等等（Anderson, Eisley, Howard, Romano, & Witkowski, 1998; Broudy & Romano, 1999; Fenton, 2000; Ford, 2005; Hilts, 1997; Miley, 2003b; Romano, 1999, 2000; Sherburne, 2004; Smith, 2005; Tolliver-Nigro, 200a, 2005b）。

在過去的幾年，我們經歷了經濟不景氣的情況，印刷出版業界也經歷了內憂外患的幾年，業界的彼此競爭，甚至是到了惡性競爭的地步，導致了業界許多廠商被迫離開了印刷出版領域，因此業界也進行局部的重新洗牌，是福還是禍，端視於業界前輩對未來市場的嗅覺是否敏銳，且應該要如何因應之，考驗著先進前輩的智慧，的確不是件容易的事情。

在艱困的年代，數位印刷更能顯現它的效用與效能，數位印刷所代帶來許多的解決方案，反而獲得了業界更多的討論與注意，也就是有了更多需求的數位印刷的訂單。非印刷出版業界的單位，為了節省成本及擁有更多的彈性、主導權和機密性需求的要求之下，更多企業內部印刷單位對數位印刷有更多與更強烈的需求（Miley, 2003b）。當印刷出版業界的人士，漸漸的接觸數位印刷，也逐漸地了解數位印刷所能帶來的種種優勢，所以在過去近十年當中，數位印刷機大量的進入印刷出版業界的市場（Romano, 2000; Smith, 2005），誠如業界一般所知的短版印刷

（Short-Run Printing）、個人化印刷（Personalized Printing）、按需印刷（On-Demand Printing）、與可變印紋（可變資料）印刷（Variable-Data Printing）等等，皆是數位印刷所可以帶來的應用，甚至說，也只有數位印刷才擁有如此的能力，確實是給客戶創造了較多的附加價值，來滿足客戶的需求，同時也會帶給印刷出版業界更多的利潤。

第二章、數位印刷在出版業界的應用

在出版業中的文學、家政、醫學、財經企管、童書、旅遊休閒、電腦資訊、語言學習、教育心理、社會科學、宗教命理、藝術設計、哲學、史地傳記、自然科學、字辭典、與應用科學等書籍報章雜誌的分類中，大概沒有人能有把握說哪一類型一定會暢銷，而帶給出版業界豐厚的利潤，其風險是必須加以衡量、評估與考量的，畢竟要出版印刷一份書籍報章雜誌，在台灣這塊如此有限的市場中，要能異軍突起，的確非屬易事。

美國出版協會預測書籍的銷售在 2003 年，將約達兩千三百四十億美元，比前一年成長了百分之四點六，而根據 Graphic Arts Marketing Information Service（GAMIS）的書籍市場的概要的研究中，預測書籍出版產業將以每年百分之四的成長速度從 2001 年到 2012 年為止。高等教育市場的書籍從 2003 年到 2004 年約由三十三億美元增加到三十六億美元，在中小學的教科書市場則約從四十二億美元增加到四十三億美元（Davis, 2004b）。在 Caslon & Company 的調查，在 2004 年北美年度數位書籍印刷量約為兩百億頁，而且預期在未來的兩年內將以百分之二十五到三十的速度成長，因為數位印刷以較為經濟的方式生產短版書籍，同時也降低庫存盤點的的成本與浪費（Ford, 2005）。

數位印刷印製的書從三十本到三千本而言，其每一本書的單位成本都是一樣的，但是在非常大印量印製時，其單位成本會微幅的向下修正，這可能是因為整體的管銷成本降低，而造成單位成本的下降，不過其修正的也是非常有限。大部分的數位印刷出版的工作，是不需要那種的印量才視為大量印刷的，在不同市場規模的地區或是國家，其印製書籍數量的多寡是要充分考量的，以台灣這片土地而言，因為數位印刷帶來了不一樣的想法，書籍出版已經可以不再是印製一千五百本到三千本了，而可以是三百本或五百本，甚或是一本而已，雖然其單位成本是遠比傳統大量印製書籍成本高出很多的（但是其印製總成本是大幅下降的），以少量印製數量來試探市場的情形，這種方式也不失為一種不錯的選擇。甚至可以以少量的彩色印刷，先獲取市場的認同（價格會較高些），由讀者自行決定，將如何選購所喜好的書籍，為彩色或是黑白的書。如此一來出版商可以提供讀者較多重的選擇，甚至可以有平裝版本與精裝版本的差別。若是市場接受度高，再以傳統印刷來大量的印行書籍，以便滿足讀者的需求，且降低書籍的印行單位成本，這種模式則可建立雙贏或三贏的機會，印刷廠會接獲出版社的訂單，而出版社有意願出版更多的書籍於市面上，但最終與最大的贏家，絕對是廣大愛好讀書的讀者才是。

IBM 印刷系統部門的商業印刷部的經理 Chris Reid 認為，典型的短版與大量印刷的平衡點約在於七百五十到一千本左右，端視於書籍本身的大小、頁數的多寡、與頁面設計而定（Ford, 2005）。如果數位印刷持續的成長，尤其是其單位成本不斷的降低，採用數位印刷來印製書籍的可能性也愈來愈高，那數位印刷與平版印刷之間的印刷量的平衡點（印製數量）將會愈來愈高，而且在高速數位印刷機的速度與品質的大幅提昇下，在有限印製書籍的數量上，數位印刷是已經可以取代傳統平版印刷來印製書籍的。我們可以預測在可預期的短時間內，這種低於一千本的印製書籍的數量，絕對是會再向上提高的。

我們都知道，彈性生產是數位書籍生產最重要的目標之一，事實上，數位印刷科技已經有效的且廣泛的應用在書籍印刷中了，以中印量印製的第一版本的書，或是短版印製的第二版本的書，甚至是隨後增加印刷的書籍，都可以隨客戶的需求量而符合其要求。就是因為數位印刷科技，驅使書籍出版界有了重大的改變，將提供以前所沒有辦法提供的服務，在一合理的價位之下，可採用數位科技來出版書籍的，而目前數位印刷書籍的市場約佔百分之五，而且會因網路的興盛及絕版書籍的印刷等因素，其數位印刷書籍佔有的市場比例會逐漸增加（“Xerox

Manual,” 2002）。在美國，在一本零售價格為三十元的一本書，四到六元為生產成本（印刷與裝訂），換句話說，銷售額是製作成本的五至七倍（ “Xerox Manual,” 2002）。

另外在書籍市場上中的再版的書籍、存書與絕版書等，都可以重新再進入與獲得新的銷售，而使得出版商與作者受惠。傳統書籍市場效率的降低，反而讓數位印刷科技開展了一個全新應用的一扇窗，很多的數位印刷書籍的訂單，不太需要去擔心庫存的問題。而且數位印刷設備，已漸漸並穩定的增強了它對書籍與相關手冊輸出格式的應用層次、能力與廣度，由於數位生產硬體的改善，生產製作的基本架構也一併的改善了，如果印刷出版廠商能對軟硬體有更進一步的了解，再加上適合的生產作業流程的配合，才更可以使完整的數位印刷系統發揮的淋漓盡致（Davis, 2004b）。

因此我們可以簡單的彙整出數位書籍的生產的優點與優勢有：快速經濟的短版印刷、較少的設定與浪費、即時生產的存貨盤存、降低勞工的支出、降低浪費、與經常費用、可以客製化與與現有生產處理相容（Davis, 2004b）。但是不要忘記，軟體所扮演的角色愈發重要且其影響力也愈舉其輕重，因為這是使數位印刷出版書籍更為簡便的利器，因為它可以消除傳統出版的一些作業程序，節省生產時間並可降低成本，這附加價值正是印刷公司與出版社所要找尋的（Ford, 2005）。

在用數位印刷機來印製所謂短版書籍中，是位於美國田納西州 Nashville 的 Lightning Source 公司，應該算是最為成功的案例了。聯合報系的顧問那福忠先生（民 94c）為文指出，1988 年 Seybold 頭一次報導這家公司，那時還稱作 Lightning Print，是首創不久的按需印書公司，該報導認為說，按需印刷在印書的市場，即將扮演重要角色。然而在事隔多年的今天，Lightning Source 每月能印製六十萬本書，而且有二十本書已經完全的數位化存庫，並可隨時取出加以列印，每天可以輕鬆的完成三萬筆訂單，這三萬訂單卻是要印製一萬五千種不同的書，也就是說每一訂單，平均僅印製兩本書而已。

iUniverse 是一家網路與印刷出版公司，手上除握有了一萬二千本以前的書，而且每個月還要再出版幾百本書，其印刷則依賴 Lightning Source，通常除了第一刷量大，會採用傳統印刷，後需再版完全採用按需印書，而 iUnivese 的另一項業務，是協助作家盡快出書上市。另一家 AuthorHouse 也作類似的事，雖然是出版社，除了自己不印書且把印刷委外給 Lightning Source 之外，也是幫助作家在最短的時間內來出書，他們在過去的五年當中，已經幫助了兩萬五千位作家，出了三萬本書，其中不乏知名作家，那些對傳統出版社的繁瑣手續不滿的作家，改換到這種新類型的服務出版社來出版。這類新的出版社，把寫書人與印書的人，以風險不大的數位方式結合在一起，塑造出新的出版生態。2005 年在紐約書展的會場上，Lightning Source 副總裁 Larry Brewster 說，經過這麼多年的營運，他們已經不必再打著數位印刷的招牌來促銷了，顧客不在乎是怎麼印的，只求把事情做好就行了。看樣子，出版社的營運，開始朝數位方向移動了（那福忠，民 94c）。

我們必須要有進一步的體認，在美國，印刷界與出版界有著脣齒相存的關係，常常把印刷業與出版業放在一起，例如 U.S. Industry & Trade Outlook，這本官方一年一度的研究報告，也將兩個產業視為一個產業－印刷出版業來做研究與分析。我們台灣的印刷出版業界，也必須了解到一件事，我們原本所認為的書籍報章雜誌，已經不再是我們所認知的書籍報章雜誌了，它們只是將書籍報章雜誌的內容，以書籍報章雜誌的形式呈現出來而已，也就是說書籍報章雜誌只能算是載體或載具而已，而紙張就是這個載體或載具，真正需要被傳遞的是其中的內容，而平面媒體的書籍報章雜誌只是一種較經濟實惠的載體形式而已，且已經長久的被廣大讀者習以為常的載體媒介，我們都知道一句英文的諺語，「Content is King」，即「內容是君王」，或許我們可以加以修正一下成為「Good content is King」，亦即「好的內容才是真正的君王」，而出版業界正是擁有內容創作的智慧與優勢的，然而印刷業界大部分處於被動的代工位置，這也是我們印刷業界必須加以注意的。

伴隨著印刷科技不斷的創新與發展，尤其是數位印刷科技的降臨，而印刷與出版業間的合作，應該是會因為數位印刷的發展而面臨相當的挑戰，以前有唇亡齒寒的革命情感，但現在與未來的發展，則很難斷定印刷與出版業界的競爭與合作的關係，會有何新的發展，而這樣的發展會因為數位出版與數位印刷的萌芽與興起而產生何種變化，有待我們的觀察與等待。

第一節、線性出版（Linear Publishing）

傳統出版的方式，有經濟效益的書籍（也就是賺錢的書）是可遇不可求的，一本新書是很難預測此書市場的銷售情形為何的，然而過量的生產成為常態，因為書籍的需求將隨著時間的因素而逐漸的減少，而未銷售出的書籍會退回到書商的倉庫，或將多餘的書在市場上流通，以求最後的剩餘價值，但仍可導致較小的利潤，最終的去處可能是作為回收的資源了，在國內可能就去了六十九元書店去做最後的販售了（Davis, 2004b）。

傳統的書籍雜誌是以印刷的方式，將資訊或是資料（文字、圖形與圖像）等，經過圖文的整合，以印刷的方式大量複製於紙張上，之後進行印後的裝訂加工處理而成為一本精美的書，再進行銷售（訂戶與零售），經過如此的流程，讀者得以接觸到書本或是雜誌。傳統式的紙本書籍的出版作業模式，我們可以簡略的說明，如圖一。

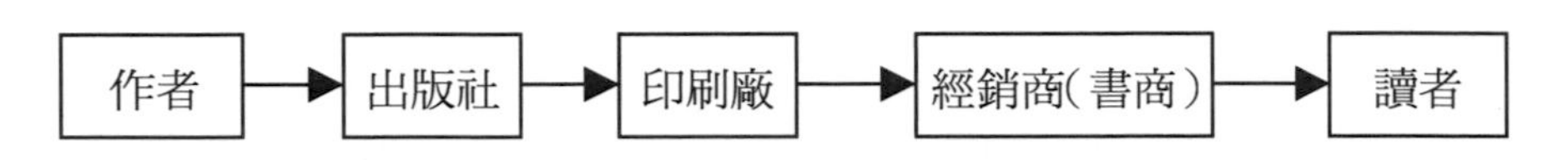

圖一　傳統線性書籍出版的作業流程

這簡單但卻有著堅強壁壘結構的出版書籍的作業模式，由起點的作者到終點的讀者，這中間是需要經過不少的程序與步驟才能完成的。然而作者完成他／她的著作，與出版社聯繫或是出版社主動邀稿等，這些前置作業，不外乎是出版社與作者之間的互動而已，出版社也許較為主動，作者較為被動，或是作者主動尋求出版社的青睞，求得其作品的出版機會，一旦雙方對書籍內容的品質等獲得共識，再進行下一步企劃等相關出版事宜，例如美工設計與編輯排版等印前作業，進而來到印刷的步驟，並將印製完成的書籍，經倉儲庫存與經銷商或書商聯絡，進行銷售管道的鋪貨銷售，一般讀者經由書商或書籍總經銷等的管道，獲得書籍出版的資訊，進而加以選購書籍。

這看似簡單的過程，中間確實要有相當多年出版經驗的累積，才能將此出版模式，把書籍從作者的原始想法遞送到終端讀者的手中。身為讀者的一般大眾，大致上是不必去了解或關心，書籍的製作與出版的過程，只要是內容有品質與印刷精美的好書，基本上都可能受到讀者的喜愛而採購之。這基本上算是完成了出版的一個簡單循環，但讀者是無法看到或了解一些看不見的狀況，而且此情形仍然層出不窮的發生，例如書籍的運送及倉儲的管理與損壞的成本考量問題等，因為這些書籍本身就是資金，白花花的金錢放置在倉庫中，有誰會不心疼，出版業界似乎必需以書養書，藉由不斷的出版來達成財務的平衡，這種高槓桿的做法，有些許惡性循環的感覺，而且是會影響一個完整出版書籍之正常循環的。

傳統出版的做法是先印後售，此種銷售模式的情況是不甚理想的，對大多數的出版社而言，不見得會迎合現今市場的，這些出版社常常掙扎的想去符合供需的平衡，但卻常導致了高退書率的超庫存與高勞動成本支出的低效益。當然，若是某一本書是所謂的暢銷書，傳統線性出版中每一個環節的角色，都會因此而獲利，有形的或是無形的利益都會有，但這種情形的確不容易發生，尤其在這僅有兩千三百萬人口的台灣，全球大概僅剩下我們與香港(廣式中文）使用中文繁體字（正體字)，其他全都是簡體中文的市場了。

Barnes & Noble 的 CEO 曾表示說，在美國整個書籍市場只有百分之三為暢銷書，百分之五十九的書籍為放在書店內一年的存書，美國前十大書商更宣稱在九十年代的早期，採購書籍由百分之七十四降到今日的百分之四十六。但好消息是小型書商在其獨立出版的書籍、大學教科書及非傳統書籍的銷售反而逆勢上揚。事實上在那些存書中，在其書籍的銷售生命中，能夠銷售出一萬本，就已經是相當幸運了（"Xerox Manual," 2002），這還是擁有兩億多人口的美國，反觀台灣的出版情形，情況恐怕就更加令人擔憂了，我們可以從最近出版社家數數字的下降，或是與出版社真正出版書籍的數目向下調整，而窺之一二。

第二節、非線性出版（Non-Linear Publishing）

在新科技所帶來的衝擊之下，現在可有很多種出版書籍運作的模式，除了作者可以直接與讀者接觸，出版商也可以直接與讀者交易，當然印刷廠亦可以直接與讀者聯繫，少掉中間商的接觸（或說是剝削），讀者所付出的代價（書價）應可降低，最起碼這出版書籍流程上的起始者（作者）與終端者（讀者）皆可獲利，基本上導致作者可能不會為五斗米而折腰，因此極可能增加作者們創作的機率與動機。請參考圖二－新型態的非線性書籍出版的作業流程。

這種新的衝擊，對印刷與出版業界的關係，在國外業已經發生量變與質變，在台灣或許還不太明顯，但隨著科技的進步與讀者閱讀及購買書籍的習慣，越來越多元化之下，這些問題的發生與衝擊，會相當的明顯與快速。

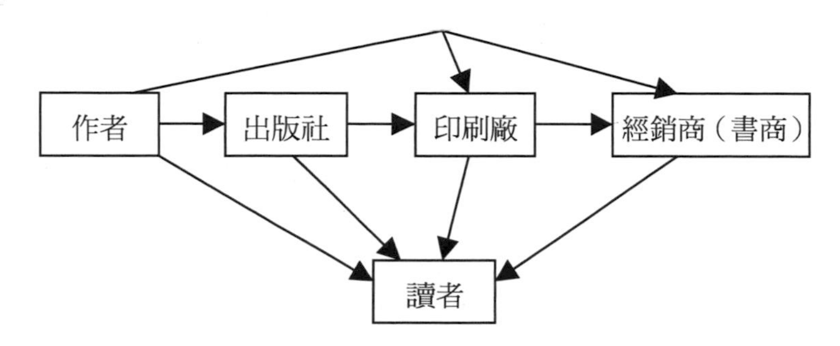

圖二　新型態的非線性書籍出版的作業流程

美國的亞馬遜網路書店（Amazon.com）即為一例，讀者可以從網路上下單，訂購某一本書（事實上，亞馬遜網路書店現在不僅僅提供網路購買書籍的服務而已），亞馬遜書店在接到訂單後，可以直接從倉庫中取出，將訂單加以處理並寄送到讀者手上。在接到讀者的訂單後，可有另一種作業方式，尋找公司最接近讀者的一個據點，將此書之電子檔案取出並加以印刷，印刷裝訂完成之後，再運送至讀者手中，這般的做法可以降低運送費用的成本，並能爭取時效性，畢竟美國的國土是相當大的，印刷的時間還算短，但是運送的時間可就長多了。如此一來，這中間完全沒有庫存的問題，完全是有訂單才印製書籍，因此傳統的書商，必須面臨這一種新型態訂購書籍的挑戰。亞馬遜書店也因早期網路的興起與近期的泡沫化，使得亞馬遜網路書店有了很大的變化，但它最近的發展也相當的積極，又提升了大眾對它加以注意。國內的網路書店，則以博來客、新絲路、與搜主意等可以作為典範，而幾家大型連鎖書店也相對的提供了網路訂書的服務，尤其是博來客書店（現已經為統一集團所併購），以分佈在全台各角落近四千家 7-11 的便利商店，來提供取貨與繳款的服務，就是為了要滿足與方便客戶的需求。

此種非線性出版的最終發展，最為簡單的是由作者直接與讀者接觸，並直接完成交易，這中間的出版商、印刷廠甚至書店等，都有被架空的危機與可能。這整個流程當中，只有作者與讀者是不會消失的，因為除了作者與讀者這兩個角色外，在加一個角色或是兩個角色，都是可行的模式的，也就是說原本的上游角色，是可有可無的，而原本下游角色是可以被略過的，這中間組合的可能性，則可以有相當多種的應用，也就是說除了作者以外的每一個角色，都是可以直接與讀者進行溝通與互動，達到交流並完成交易。這種發展應不會使所有傳統線性出版的中間過程全部消失，但絕對是有相當程度的影響，但其影響的層面與程度，還是很難加以預料。換句話說，這出版書籍之中間過程的單位，必須要有洞燭先機的前瞻性看法與認知，更必須要有危機意識，加以充分的準備，以便因應未來的種種挑戰與契機。

非線性出版有些問題是必須要先被處理的，首先就是所謂的電子檔案必須被完成，以現有的生產書籍的流程，這部分是一點問題也沒有的，只是多花一點時間進行排版組頁與轉檔的動作而已，困難的是此種模式牽涉的範圍很廣，每一個出版流程的參與者，皆扮演相當重要的角色，而且每一個參與者皆要有相同的共識，這就是不太容易的事情。另外，也因為是電子檔案，其內容的編排方式，頁面與封面的設計可以趨於多樣，因為同樣內容的每一本書，都可以編排的完全不相同或部分相同，或也可以完全相同，端賴作者與出版社之美編人員等的共識而定，畢竟現今的社會是講求團隊合作的，且包裝是一種不可或缺的學問，最重要的是讀者的喜好，滿足讀者的偏好，才是好的服務。

電子書的標準檔案格式，簡單的說有三個大主流，PDF、Flash 與 XML 為主，三者之間互有優缺點，主要是看讀者的習慣及喜好而定，沒有一定孰強孰弱的問題，基本上也沒有軟體與硬體的問題，比較嚴肅的課題應是智慧財產權（IPR:Intellectual Property Rights）的問題（Kasdorf, 2003）。數位資產與版權的問題，誠如音樂唱片界的龐大商機，因為盜版的問題，影響銷售甚鉅，以中國人或是台灣人的智慧，一人花錢買書、音樂 CD、或是電影 DVD，可以讓親朋好友多人享用，在好東西與好朋友分享的大原則之下，利用網路的便利性加以傳播，在網路無國界的基礎上，人人都可以在短時間之內，大方的享用這豐盛的精神饗宴，國內唱片界與國際上的電影娛樂業者的切身之痛，可想一般了。雖然媒介本身有所不同，一則是聽，一則是看，但問題的嚴重性卻是同樣的，在沒有書籍電子檔案下，坊間的影印店，已經有拷貝書籍的氾濫情況，當然不能保證若有書籍電子檔案下的情形又為何，因為所謂的「分享版」的製作與傳播，實在太輕而易舉了，防不勝防。

也許書籍電子檔案可以加入防止傳播與防止盜拷的機制，甚至只有上出版社或書店的網站閱讀，或只能在某一種閱讀器上閱讀等等不同的機制來加以限制（薛良凱，2003）。在歐美國家早已有書籍的電子檔案，在網路書店等地方銷售，其經營的模式值得我們參考。因為網路的關係，美國的二手書市場也相當的盛行，二手書的價格當然較新書為便宜，畢竟美國的一般書籍的價格相當高，相對於我們的市場價格，我們可以感受到，身為一般讀者的我們是何其的幸運呀！為了愛護我們的環境，二手書的市場機制，也許值得我們去推行與研究。

另外有一個很好的範例，美國蘋果電腦因銷售旗下產品－iPod（現有很多相關系列的產品），這個 MP3 音樂播放器配上 iTune 軟體的建置，可以下載正版的音樂或是歌曲，每首只要美金$0.99 元，這種廉價且方便的商業模型，在音樂界是種成功的銷售模式，也許是薄利多銷，也許是蘋果電腦成功的行銷方式，但在音樂版權的處理問題上，對我們的出版界中的書籍版權，是應該值得我們來參考與借鏡的。而國內華文網的王寶玲董事長則用其公司的電子書 Bundle（包裹）在相關的硬體上，藉此以非常低廉的方式來銷售其電子書等相關產品，也獲得不小的市場反應和帶來不少的利潤。

不管這些非線性出版的機制會如何發展，作者與出版商等都必須以較新的思維，來思考此種新型態機制所可能帶來的潛在商機，絕不是任何一個獨立單位的事情而已，這中間的流程與細節是非常的繁瑣，印刷出版的流程與環節，都必須有賴新的科技與趨勢的發展，直接或間接的相互商量與合作，建立一套可長可久的模式，才是印刷出版業界的長久之計。

第三節、 數位短版出版印刷與隨需出版（Book On-Demand）

以傳統出版市場的角度，書籍要出版一定要有其市場價值，才能創造出版的利益，因此我們可以斷言，其實還有很多非常優良的作品未能在市場上流通，因為根本無法問市，或許肇因於台灣市場的規模，或其內容本身就是屬於較冷門的領域或是學科，或是讀者群原本就比較少比較專業，這些作品當然會使得在商言商的出版社（也許非以營利為主的出版社是例外），以沒有利潤的理由，將此類的作品給犧牲掉。

若某書籍有出版價值，但因市場規模太小，倘若一定要出版，書籍印刷的單位成本會增加，也必須抬高書籍的販售價格，如此一來，價值高但價格昂貴，閱讀的人不太可能增加，一般大眾較沒有購買閱讀的慾望與動機，更甚造成作者與讀者之間的拉扯，進而造成日後出版社對此類書籍出版的怯步，這種惡性循環，無論如何絕對會對身為讀者的我們，引以為憾且絕對是讀者的損失。

而以前印刷出版的模式而言，作者必須將作品交由出版社來代為發行與出版，當然也有出版社積極要求作者出版書籍的情形，但這種情況，似乎只會發生在高知名度、受市場歡迎與有市場身價的作者，方才有如此的待遇，其他的作者可是不會擁有這般的禮遇的，也因為如此，一本很好的著作，極有可能因出版社未能青睞作者的精心傑作，而未能將其著作問世，哈利波特的作者 J. K. Rowling 就是一個最好的例證，她就是將她的作品投稿於數個出版社，請託出版社能將她的著作加以出版，但先前的出版社皆給予不正面的回覆與評價，即出版社們認為她的書，並沒有出版的市場價值，畢竟出版商是營利的事業體，並非慈善機構，必須以賺錢為其終旨，也是基本的求生存的必要之惡。也因此一般大眾無法早些年欣賞到她的作品，幸運的是，由於她鍥而不捨的精神，嘗試了一次又一次，失敗了一次又一次，最後皇天不負苦心人的，終於有了好的消息，有一家出版社願意嘗試出版，也因此讓全世界的讀者有機會目睹這本最暢銷的書籍（已經翻譯成多種語言了），而今已出版到第六冊了，受歡迎的程度有增無減，也使得她成為全英國最富有的女富豪，其作品甚至已改拍成電影，依然受到市場的喜愛與歡迎。

就是因為這區區的兩千本到三千本的印刷基本量（現在更降低至約一千五百本到兩千本左右），就可能打壓了很多有出版價值的書籍（雖然知道並不一定有市場價值），因而無法上市傳遞此書的價值給予讀者。書商或是出版社，為求生存，小心翼翼的選擇出書，假若數位印刷的技術、應用與市場皆有一定的成熟度，則此一新科技必能充分應用於書籍的出版，讓更多的書籍能夠出版，不會因為有印製數量的限制，讓所有作者的心血，皆能有付諸印行出版的機會，不會留下遺珠之憾，此乃一般廣大讀者之福。數位出版印刷書籍對科學性書籍、技術性書籍、醫學性書籍、專業性書籍、教科書、期刊、宗教性書籍、音樂性書籍、與電腦軟體使用手冊等，真是再適合也不過了（"Xerox Manual," 2002），另外，翻譯的書籍亦可借用數位印刷，來試探市場的反應與接受度。換句話說，所有的出版，可以市場來決定，若是不可能有商業價值的書籍，則可以少量印刷的方式進行出版，如此一來，似乎沒有輸家。

短版出版（短版印刷）與按需印書（按需印刷）都可以應用數位印刷機來完成這類的工作，因此大家把 POD 和短印量用數位印刷來製作的方式，看成是同一件事，Strategies on Demand 公司總裁、也是當年替 RR Donnelly 創始按需印書的人 Mark Fleming 博士，認為兩種出版在概念上、做法上與市場的潛力上是有區別與差異的。短版印刷/出版，並不會只侷限在數位印刷上，除了極少量像一本書以外，傳統印刷一樣可以作，只是總成本較高而已，尤其今天數位印刷的單位成本下降，提高了與傳統印刷的印量臨界點，亦即要決定採用傳統印刷，還是數位印刷在經濟印量上有不斷的激盪，迫使傳統印刷越來越有承接短版印量作業的可能性。短版印刷的印量雖然不多，但每次勢必要比當時的需要量多印一些存貨，以儲備一個階段時期之內的顧客需要，直到存貨將盡，再印製下一階段的存貨，但可能比上一次的印量減少（那福忠，民 94b）。我們都能認知到書籍的出版，算是短版的按需印刷之應用，但當印刷公司生產很多很多的短版的書籍時，可以視為大印量的生產了，如歐洲的 Lettershop 公司，它每晚都必須以二十種語言印製七十五萬張 A4 大小的資訊，這可以算是數位印刷的極緻了（Ford, 2005）。

然而 POD 或是 BOD 的運作模型則與短版數位印刷不同，因為每次按實際需要印刷，確實符合顧客時效上的需要，所以沒有存貨，下一次又有需求，再按實際需求數量印刷，也不必多印儲存，因為基本上印製量的多或少，實際上對客戶並沒有價格上的差異。客戶只要有需求再下訂單，就能在一定的時間內拿到成品。而這種有效率的製作過程，Fleming 把這個稱為「時效價值」(Time Value)，正是 POD 或 BOD 的精髓所在，他統計有百分之六十的數位印刷顧客，所買的就是這個時效價值（那福忠，民 94b)。

通常出版社會預測一年中要出版銷售多少書籍（尤其是大陸的國營出版社)，若書籍一開始沒有預期要賣的好，事實上根本不需要被印出來，數位印刷出版的模型會改變舊有的供需的模型，先供給才談有需求 (supply then demand)，出版社應運而生之新的經營模型，是先有需求再來談供給 (demand then supply)。這種做法基本上讓出版社可以擁有效率的生產操作，可以省卻昂貴的倉儲營運、經營的成本、資金積壓的成本與消除了退書的狀況，亦可以降低印製書籍的先期成本，以這種試探性的出版方式，進行試賣，以便了解此書籍的市場性，如果市場接受度不高，出版社的損失，會在完全可以接受或是忍受的可控制範圍之內，但若是市場反應良好，出版之書籍相當受到歡迎，再以傳統平版印刷方式加以大量複製，其利潤的豐碩是可以預期的（Davis, 2004b)。

有些書籍會在銷售一段時間後下架，而且不再印刷而成為絕版書籍，但這些書籍並不一定是銷售的不好或不受市場的歡迎，而有可能是銷售的速度及市場的接受度較緩慢，但傳統的書商即決定不再付印，有失去或減少銷售的風險，所以作者、出版商、批發商與書商，都會因絕版不再印刷而遭受層度不同的損失，數位印刷的書籍，卻可以保存書籍本身的永續性，因為數位化的資料是很容易儲存，只要再需要時，叫出電子檔案加以印刷即可（“Xerox Manual,” 2002）。

另外還有一種出版方式稱為客製化出版（Custom Publishing），也就是為了特定的顧客群，量身定做的出版刊物。量身定做出版，則以一個團體為對象（也可以為個人，只是費用會昂貴些），像是企業員工、企業顧客或某一個團體的會員，以簡訊或雜誌方式，定期出版實體刊物或以電子檔案來寄送。這種客製化出版成長歸究於幾個原因：（1）數位印刷技術的成熟，因為製作專業化的刊物比以前更為簡單，而且外包製作成本也不高；（2）多元化媒體充斥於現今社會，反而教人混淆不明，客製化的雜誌可與別類的媒體明確劃分；以及（3）客製化刊物可以增加顧客的向心力。然而定做客製化出版的業者，非常不同於一般的出版社，必定真的很「專業」，不僅僅在出版的領域要能真正的專業，對客戶的相關領域與行業也能充分的了解，如此的替企業製作一本刊物，才可以滿足讀者的需要，給讀者有用和有趣的內容，所以這種客製化的刊物，本身就是效力極大的廣告（那福忠，民 94a）。

這類客製化出版業者可以分為兩種，獨立業者與附屬在大出版集團的部門。獨立業者因為人力有限，大多運用外界的自由撰搞人或是攝影師（Free Lancer）的專業，來提升刊物的品質。而出版集團的附屬部門，則借重集團內部本身的資源與知識，例如 Grayton Integrated 出版公司，專攻科技領域的出版，替 Intel、IBM、Dell、HP、與 Oracle 定期製作刊物（那福忠，民 94a）。

Davis（2004b）更進一步指出在傳統書籍出版的很多個案研究當中，平版印刷因為偏好長版的印刷，出版商會視為如此是個高風險的生產製造模型，而未銷售完的書即將被銷毀或是以極低的價格來出售，而數位印刷科技的介入，恰巧可以解決這傳統生產的模型，不論張頁式或是輪轉式紙張的生產，現在都可以以經濟的方式來生產高品質的黑白與彩色的書籍，無論是線上或是離線的裝訂生產方式。

回到我們國內，試想您若是在誠品、金石堂或是新學友等大型書店，只要告訴櫃檯的服務人員，您欲購買的書籍名稱或 ISBN 的號碼，也就是說只要能夠確認是那一本您要採買的書之資訊皆可，且交付書款後的五分鐘，您就可以拿到您所期待的書，而且還是熱騰騰的書（溫度高於室溫），甚至還可以放置您個人的資料於書本上（若書店有建立會員的個人資料庫，如照片、簽名、姓名、與地址等），也就是印刷於書的封面或書籍內文中的某一頁，您是否覺得這本書與眾不同且非常獨特，具有高附加價值，不論是選擇自己閱讀，或者是餽送親朋好友，都很有趣而且讀者還也可以選擇電子書的版本，在電子顯示媒體上閱讀，書店可以將書籍的電子檔案當場燒錄在 CD-ROM 之內，或是以電子郵件的方式傳送至讀者的電子信箱中。或是您可以從家中透過網路，點選自己所需要或喜歡的書報雜誌等，讀者可透過國內無遠弗界的便利商店的網絡系統，自行選擇就家附近或是辦公室附近的便利商店取貨，並一手交錢一手交貨。事實上，這種模型（模式），並非天馬行空的胡思亂想，而是以現有的科技與設備為基礎，在美國早就做到了，在台灣只是有些問題並沒有被克服，最主要的原因，可能是讀者並不知道可以有此項服務，而沒有向出版社去要求，出版商與設備供應商也並沒有強烈的意願去推展，因為這需要很大的努力去創造一塊市場，雖然有前景但卻又處處充滿了未知的危機與挑戰。所有的選擇都是以讀者的喜好而定，也就是滿足讀者的需求，這般貼心的設想，讀者應該可以欣然接受才是。

如此的話，書店所增加的成本最多的是數位印刷機，但是整體數位印刷系統的總成本是我們另外一項要考量的，因為有太多的數位印刷機可以提供我們所需的服務，以數位黑白印刷機而言，每個數位印刷機皆有其不同的功能考量，設備的軟硬體價格、硬體與軟體之處理速度、印刷品質、整合的使用便利性、數位版權管理、系統是否是開放架構、生產作業流程的完整性、廠商的服務與支援性、以及印刷之成本等，都是我們在採購整體數位印刷系統所要深入的探究的。另外以硬體的角度而言，數位印刷機本身的尺寸、輸出的解析度與紙張的種類與厚度、RIP（Raster Image Processor）的速度和能力、與後端裝訂連線的能力，甚至液態墨水或乾式碳粉等等非常多的因素都是不可不仔細考量的（Ford, 2005）。

在印刷出版的專業領域中的有另一種挑戰，尤其是客戶有越來越短的印量需求與快速週轉的要求，短版印刷表示了更多的工作可以生產的更為有效率，但這對行政管理部門卻是帶來了更多的挑戰，這最好是仰賴優良的生產作業流程來替代之（Davis, 2004b）。除了上述所列出的要點外，另一要點是新的系統與公司內現有系統的操作性、相容性與配合性的問題，數位印刷系統對內部員工與公司內部文化的衝擊又為何，這中間的困難度恐也不容易去解決，換句話說也是不得不要考慮的，畢竟人事物合一是企業長期成長必備的因素之一。

雖然已經有出版社使用數位印刷生產的方式用於小量書籍的市場，例如在技術性與科學性的出版刊物，教學上的教科書的資料與絕版書等。出版社應用數位印刷的生產方式來增強書籍的生命週期，數位印刷能夠使出版社可以擠壓出影響力，更多的收益在於能以更經濟的方式來印刷限量的訂單書目，有一個卓越的出版社運用了此方式，已帶來了五百本新的書籍進入市場，且已經獲取超過一百萬美金的收益（Davis, 2004b）。

為了降低出書的門檻及增加廣大讀者，閱讀到好的作品的機會，數位印刷帶來了最佳的機會，彌補了作者因為資金的短缺（進入障礙），因為數位印刷出版書籍的門檻只有一本書或只需要一個章節而已，其彈性之大遠遠超過一般人與作者的想像，這就是所謂自我出版的版本，如此一來，應可以增加出版社的出版能量以及能讓更多的隱性作者，願意提供他們的作品，呈現給讀者。但有趣的是，這種數位印刷科技的解決方式，早就存在相當長的時間，但真正的應用卻是近年來才比較明顯。事實上，根據專門做 Book-On-Demand 的秀威資訊的經營經驗，是有一些民眾，會將個人過去的經驗、心得或圖稿等等，集結成書出版，但數量並不多，可能為了要留念或是為了成就感，而作者的年齡，最低從小於十歲的小朋友，大到八、九十歲的老伯伯。

數位印刷出版書籍的另一好處是，在出版少量書籍時，若發現有錯誤，其更改及修正錯誤的成本很低，只要在電子檔案中加以更改其錯誤之處即可。應用數位印刷出版，除了以最理想的電子檔案製作輸出之外，也可以以掃描的方式進行亦可，此處所指的掃描，不單只是傳統的掃描，也包含了攝影掃描，尤其在印製絕版書上，更見其效用（McIlroy, 2003）。

但是別忘了，雖然這裡所闡述的是以書籍出版社的角度而言，這些設備都具有 VDP 的功能，也就是說凡是擁有數位印刷系統設備的廠商、公司、或是個人，都可以相互的跨領域進入對方的市場，或許說是可以有部分的能力去搶奪對方的市場（Ford, 2005）。這種印刷與出版業界的合作模式，在中短期應該是會合作愉快，但長期的考量之下，卻不一定是會如此，而這種模式在台灣也才啟蒙不久而已，進入此市場的專業人士，並不一定是印刷與出版的從業之專業人士，而可能是英雄來自四面八方，競爭是會相當激烈的。

第四節、數位印刷與跨媒體出版

出版業界所要傳遞內容訊息給消費讀者，以往多為以印刷於平面媒體的內容為主，此平面媒體較為呆板且固定，且內容缺乏彈性的變化，在今日電腦新科技的大量使用與運用的推波助瀾之下，為了變更或加強有別於以往傳統平面媒體內容的方式，又再加上新興的書籍可以以不同以往的方式，直接訴諸於電子媒體及電腦網頁等方式的內容，或是以文字、圖像、聲音、音樂、動畫、與影像等非傳統的電子媒體的方式來呈現，這都是不可避免的趨勢。一般大眾正在逐漸接觸到所謂的電子書，而電子書的內容也可以呈現於不同的閱讀顯示器上（Reading Display），例如PDA、電腦螢幕、平板電腦、電子書包、甚或手機等等，再加上了影音視訊的內容，例如電玩、電影、MP3 音樂、與多媒體等，已經完全跳脫出我們過去所能想像的了，這種新一代的數位出版，其涵蓋的內容將是五花八門的，為因應消費者不同的需求，這些內容必須用不同的面貌去呈現給不同的消費讀者。

在現今的大中華的華文市場中，並不多見有將內容表現於紙張上面的平面媒體資訊，直接放置在網頁上，因為每一個平面媒體都有其不相同的訴求，一般消費大眾對傳遞媒體資訊的內容，會要以不同的方式呈現出來的要求與需求愈來愈高，因此印刷出版界必須面對此一變化。現在的廣告平面設計與出版印刷業大都以 QuarkXpress, PageMaker, 或是 InDesign 等頁面編輯排版軟體來製作設計稿件，可以將此檔案輸出成 XML（eXtention Markup Language）檔案，另外 PDF 的檔案轉換也相當的容易（McIlroy, 2003; Renear, 2003）。換句話說，只要成為製作內容的主角，之後要製作成何種檔案或成為何種軟體媒介，並加以呈現給消費讀者，都不算是難事，而且都有著很大的彈性，以客製化的方式來製作並傳遞給讀者。

出版業界已不太可能僅以傳統的平面媒體（紙張）的出版，為其主要生存發展之基石，而出版業界當然是可以以此為本的向外擴張，因為數位出版已然成行，因為數位出版具有知識密集、技術密集與人力密集的特質（蔡順慈, 2003）。溫世仁（2003）也提到傳統出版具有公信力、收費、版權與閱讀習慣等機制，而轉換到新的數位出版則具有多媒體、具有互動性、隨選（On demand）與高速傳送等四大特色。他接著強調的說，「書」是人類思想的容器與載具。薛良凱（2003）進一步指出，將來的書已經不是我們所認識或認定的書了，基本上只是一種將包含內容資訊的載體，它將顛覆我們對書傳統思想與概念。

網際網路的出現也已經相當多年了，原本印刷出版業界所擔心的銷售量會因此而降低，再加上於過去幾年的經濟蕭條，但印刷出版業界仍然有小幅的成長（在美國百分之一到二），這可能是由於一般大眾對資訊的接觸與需求大幅度的增加之結果，或也由於傳統閱讀習慣的不容易改變所造成。在 2010 年時，電子媒體將佔有市場的一半，與印刷出版的平面媒體平分秋色的共同分享市場，當時在 1995 年時，印刷業能佔有百分之七十的市場，這時不我與的十五年，有了如此大的變化，但未來的趨勢已定，但還是有對印刷出版業界正面的好消息，這十來年應仍有百分之三左右（預計）的小幅度成長（Kipphan, 2003）。

反觀我國的發展，政府大力推動的兩兆雙星的國家型計畫，除了顯示器產業與晶圓代工產業為兩兆國家型計劃，而生物科技產業與數位內容產業就是所謂的雙星國家型計劃，與我們最有關聯性的就是數位內容產業，其中又共有九個子計劃項目，第八項就是數位出版典藏計劃。數位出版的衝擊會影響印刷出版業界間的競合，而數位印刷新技術的到來，卻也會帶給印刷出版業界新的思維模式，在競爭與合作之間，似乎會有一種恐怖的平衡，因為數位出版的影響，帶來絕對高度的策略競賽，但誰說出版業界的出版，一定要靠印刷界來幫忙呢？誰又可以說印刷業界必須仰賴出版業界才有藍天呢？這種從前不太能想像的事情，已經因為數位印刷科技帶來了截然不同的立場了，出版業界基本上可以自行完成以前印刷業界負責的生產事宜，可以套用數位印刷的機制來達成，但應只限於少量的出版，若需要大量的出版，則仍然需要印刷業界的共同合作。

另一項有趣的發展，就是跨媒體出版，當您在家中信箱內所收到的商家目錄以及廣告傳單中，若有商家的網址被印刷於每一頁紙張的下方角落，在這驚鴻一瞥之下，你可以馬上造訪這商家的網站，觀看這網站內的資訊，是否如目錄中的促銷商品及是否有特惠價格，甚至在網路上加以下單採購，這就是跨媒體出版的應用（Pickett, 2002）。消費者可以從紙張中或 PDF 檔案及網路之網頁中閱讀，出版不但已經跨越單一的媒介或媒體，而是整合性或是複合性的綜合體了。

事實上，科技已經改變了我們人與人之間的溝通與互動的方式，而且這改變仍然持續在進行當中，出版界者可以發現絕大部分的消費者，依然喜愛印刷在紙張上的資訊或資料，但也有部分的人士（旅居海外的僑民、派駐外地的員工、與新新人類）已經可以接受或喜歡收到網路或電子郵件的資訊（報章書籍雜誌），更甚希望將資訊直接傳輸至消費者的 PDA、e-Book、或手機上等，這種所謂行動出版的時代已然悄悄地進入到我們的生活了（詹宏志，2003; 薛良凱，2003）。引申而來的是因數位科技的誕生，勢必創造出新的工具來展現新的數位內容，而出版業界正是這內容的原創者（Content creator），為面對新的媒介的發明與受歡迎的程度等，出版界必有不同以往的策略方向與因應方法。然而數位印刷的發展，只是整體數位出版中的其中一環，是將資訊更具彈性、變化與變動性與方便性的方式，以平面實體的方式呈現出來。

基本上，出版業界所面臨的挑戰，也決不亞於其難兄難弟的印刷業界，但出版業界有其多樣化的特性，路也許比印刷業界更為寬廣些許，因為出版業界基本上可以較為主動，在這新興「跨媒體出版」的帶動之下，應將有更多的發展機會。數位出版的降臨，亦即馬上面臨百家爭鳴的境地，因為不同領域的行業都要來爭食這一塊大餅，對印刷出版業界而言，可以說是一種危機，或許也可能是一種轉機。能夠參與的專業領域人士，則是空前的多樣與多元，這也相對的告訴我們，這個市場將擴大，是跨領域與垂直的整合，你不參與而僅死守舊有陣地，將橫屍眼前的殺入戮戰場，難逃淘汰的命運，但並不表示我們可以躁進，尤其大家對數位出版的概念還不是很清楚的狀況下，只有小心翼翼的向前邁進和積極參與為宜，否則你可能連後悔的機會都沒有。

第三章、數位印刷在教育界的應用

一般而言，書在教育界扮演了教師傳道、授業與解惑的輔助工具，而且是舉足輕重的角色，因為書是傳播知識、語言、文化等的最基本的要素。當然在書籍的市場中，運用在教學中的書籍稱之為教科書，而教科書在教育界從遠古時期到現在，一直都位居要津，是不可或缺輔助教學的工具，不可否認的是教科書可使教學較容易達成事半功倍的教學目的。而書是以印刷的方式將資訊呈現出來，因此印刷被時代雜誌選為過去十世紀（第十一世紀到第二十世紀）中最重要的發明。

通常教科書的銷售不甚理想，學術界的教師恐怕會因此猶豫與懷疑，是否要出版教科書，教師辛苦的著作如此不受到重視的問題，有時甚至要自掏腰包的付印自己的著作，對學界的老師而言，的確有些尷尬。大部分的教科書，並不是所謂的大賣書籍，甚至學生對智慧財產權的不尊重，全班買一本書，再進行拷貝分享的動作，以其達到同學們人手一本的目的，此類製造所謂「分享版」的行為，實在也是另一種負面的影響，其問題可能也在於教科書的售價問題，學生對教科書的立場，大多是上課用，學期結束之後，就將教科書束之高閣或賤賣或給人等，其價值在上完課之後，一落千丈。

教科書在市場上的確不受到一般大眾的青睞，僅僅是在學的學生會因教師們的要求而去採購，似乎教科書只有專業知識傳授給學生的教育功能，而並沒有傳播知識給普羅大眾的功能，如此一來，有誰會出版教科書呢？

另外在教學上，我們也必須承認，當教師教授教科書內容時，很有可能資料已經有些落伍或非即時的資訊，也有可能一本教科書並不能滿足一門課的需求，必須有多本教科書一起輔助教學，但在考慮學生購買教科書經濟因素上的考慮，許多老師不得不選擇了妥協，僅選擇一本或兩本教科書，更甚至根本不使用教科書或僅列出參考書目，由學生自由心證的去選購，尤其是現在的經濟環境不甚理想，很多學生無法就學，或是為了就學而必須申請助學貸款，種種因素，也許會降低了原本期望的教學目標與目的，損失的是誰，應不必多言。

如果以數位印刷的角度來看待教科書，其實是非常適合的，作者可將最新的資訊以紙張的方式呈現出來，而且以較合理與經濟的書價售予學生，對學生與作者（可能本身就是教師）而言，大家都能欣然接受此種模式才是，不太需要考慮市場、售價過高、與內容不夠新穎等的問題，可少了中間商的剝削，使作者與學生直接建構新的關係，達到雙贏的地步，但中間過程的出版商與印刷廠等，就可能面臨了新的考驗，必須要提供作者多項的服務機制，以期作者的著作能具有方便性、可閱讀性、印刷精美（可彩色）、與即時性等等優點。以不變應萬變的時代，已然成過往，必須時時警覺市場的變動。

在書籍出版業界的主要趨勢中，將有持續的增加資源的使用，尤其是黑白書的應用可以跨越很多產業，例如幼稚園到高中甚至到大學的教科書，而教學所要使用的軟硬體之使用手冊、產品指南與其他的工具書等，是書籍生產的另一項大宗市場。而 RISO 公司的總監 Kevin Hunter 表示，我們看到教育界的市場有相當大的成長，但有趣的是這中間最大的障礙竟然是書籍出版公司，因為他們長期的享有並獲取課程發展費用，還擁有教科書的販售利潤，若一旦政治上與大眾輿論的壓力降臨到一定的程度時，傳統書籍與按需書籍印刷的限制將有極大的成長，以符合廣大消費大眾強烈的期待（Ford, 2005）。

在數位印刷的世界中，書籍出版的市場也一樣有增加利潤可以享用，因為數位印刷所列印的書籍出版，是可以讓每位讀者與學生都可以擁有他們自己專有的書籍或課本，使用數位印刷機加上後端的裝訂機制，可以輸出成一本與原來平版印刷相同水準的書，換句話說數位印刷對教育界是有市場的。

第一節、中小學教育上的應用

在國人殷切教育改革的期盼下，我國對義務教育的教改有了重大的變革，除了希望能減低學生們的壓力，開放多元的入學方案之外，並開放民間可以參與編寫教科書的行列，許許多多的出版社便因此進入了教科書與參考書的領域，導致百家爭鳴的境地。最近有立法委員將中學的教科書與參考書全部的採購齊全，完整的國中三年的全部教科書將有三個大人的高度，且其總花費約達二十幾萬元，甚至超過公立大學四年的總學費，你我都看得出來，這的確是相當大的一筆的數字，但教育政策並不是也沒有專業能力在此來衡量與評斷，我們只是將此現時的環境加以陳述出來，這就是我們數位印刷最佳的契機，我們是可以利用這個情非得已的情況，加入我們專業的能力與服務的能力，以便提供以數位印刷機制的建置，來達成整體教科書與參考書的環保（紙張的浪費）與費用的問題，以求某種程度的一種平衡。

因為有太多具規模的出版社,進入了九年一貫以及高中的教科書市場,而中小學的老師已經不若以前一般,在毫無選擇的狀態下以部編本（國立編譯館）的教科書,為唯一教科書的選擇,但方便的是只要熟悉其內容之後,是可以用上些許年的。而現在的方式恐不若以前輕鬆了,除了先要遴選多家出版社所提供的教科書(而且部編本之教科書將重做馮婦的再進入此市場），從其中來選擇欲用於教學上的教科書，因為每一本教科書中內容之相同性並不若我們想像的來的高，而且內容不斷的更新，除了增加老師選擇的難度，也增加老師在教學上的負擔，對學生們而言，可能學到了一些遠超過他們應該學習到的知識，但為了考試與升學，這種不太理想的循環，依然會持續的發生，並且不會停止，有了教改的推動與執行，學生們肩頭與實質的負擔，恐未消除或降低。

然而學生的家長，似乎都不願意他們的小孩輸在起跑點，進而一而再，再而三的投資在小孩身上，幸運的學生可以去擁有必要的書籍，那些經濟上較為不理想的家庭，恐怕其機會就愈來愈渺茫了，然而，數位印刷機制的優點是可以修正此不太理想的情形的。事實上這些教科書或參考書的出版社，在送達教育部的版本的審查的內容，由於只需要數十本左右，在未核准之前是不太可以利用傳統印刷方式進行大量的印刷的，以免其內容有了些許的改變與修正，造成大量的浪費，因此出版商們都是利用數位印刷的方式，將少數量的送審教科書列印出來，不但數量可以降低，而且數位印刷出來的品質也算相當的優良，因為評審委員是審核該科目方面的專家，對印刷品品質的要求，應不會如印刷專業人士來的挑剔與執著。

目前所看到的方式是選用某一個出版社的教科書，其內容無論是否全部適用於教學，都必須照單全收，這樣的教科書，是否能符合教師們的期待與教學目標，恐不見得的能獲得一致的認同，而且各出版社，會使出渾身解數來推銷其教科書，除了課本本身之外，教學輔助的教具等也一應俱全，然而出版社之間與學校相關承辦人員之間角力的動作，則時有所聞，不免給人有一些想像的空間。

平心而言，若真正為了學生的教育而論，實在應該選擇適合的教科書或教材來從事教學，因此各出版社所出版的教科書，可能各有所長也各有所短，若老師們能有多種選擇的方式，以東家之長補西家之短的方式，也就是從各出版社的教科書中選擇適合的課程，以組合套餐的方式，產生客製化的教科書用於教學之中，每一個學校皆可能有不同的組合方式，這樣是不是會有更多的彈性與選擇呢？請各大教科書廠商在設計出版教科書時，可以以每一課為一個單元，出版所謂的單行本的課本，而學校的各科的授課教師可以從眾多教科書廠商中選擇適合的教科書、教材與教具，相當具有彈性，而且小朋友上下課時，學業的「負擔」應該是可以減輕的，學習的成本也應該是不會增加太多的。

如果數位印刷機制是可以實行的話，教科書廠商之間的競爭將更趨於白熱化，且每一門課程甚至年級教科書的編輯與作者，將面臨更劇烈的競爭，其認真投入的態度將更為投入了，因為每一個教師們的選擇性更多更大了，例如，在小學三年級國文課的選擇，可以是三家教科書廠商的書籍中的某些課，而可以不再是一家獨贏全部的教科書市場，但勝者為王敗者為寇的現象，是可以不必要存在的。

話說了回來，這還是以數位印刷的概念來推展，我們都知道中小學教科書市場的規模，到了最後階段，還是必須以傳統平版印刷的方式，來進行大量的印刷複製的工作，以求得合理與較為低廉的價格，以供學生們來使用。

在一次偶然的機會在收聽廣播電台的節目當中，有一位 Call-in 聽眾來電反應，他是一位國小小朋友的家長，細數著他小孩老師的體貼與體恤，老師只要求小朋友帶三門課的教科書回家閱讀研習，乍聽之下，儼然是要讚賞站在教育最前線的小學老師正面的評價，但這區區三門課的教科書卻多達十二本書，換言之，一門課平均有四本教科書，果真如此的話，我們的小學生「學習」的負擔的確沉重了些，似乎小朋友對上下課時的練身體，並未因教育改革而減輕，但我們小學老師似乎也無法可以有改善的能力。

這就是一綱多本的威力，經多年來教育方面的專家學者官員等心力交瘁的努力、研商與討論所訂下的政策，本意雖好，但執行層面可能不若原先思考設定來的理想了，有一些專家、學者與家長們的反應、想法、觀點與論述已發表於各大報章雜誌等平面及電視媒體當中，筆者想想，這似乎與大學教育中，對所謂教科書的選擇，也有異曲同工的問題，但也應可以透過數位印刷的模式來作解決。

第二節、大學教育上的應用

美國大學面臨了教育經費嚴重的不足，尤其是公立大學，其問題更為嚴重。在使用者付費與羊毛出在羊身上的觀念下，學生成為了轉嫁的對象，例如筆者曾經就讀的美國的州立大學，在短短的三年之內，學費上漲了超過百分之五十以上，因此，美國大學生或是外國留學生所面臨的財務問題不只學費而已，教科書太貴也頗令人煩惱。

根據《紐約時報》的報導指出，在 2005 年秋季班之新學期伊始，美國審計總署的一份報告顯示，美國大學教科書二十年來漲價百分之一百八十六，平均一名大學生一學年花費將近九百美元，來購買教科書及補充教材。美國大學學費二十年來上漲了百分之二百四十，漲幅超越教科書價格增長幅度，但比起美國消費物價二十來上漲百分之七十二而已，可見在教育所付出的代價，要遠比以前多的太多了（陳穎柔，2005）。

在美國一般公立的社區大學，其學費相對的較為低廉，鼓勵其老百姓讀書，只要你願意學習，大學之門永遠為你而開，其入學申請的程序，實在是非常簡單，只要到社區大學填好申請表之後，進而選擇你要上的課即可，學費可能比書籍的費用低相當多，我們多少可以聽到一些小小的怨言，抱怨說書本實在太貴了（尤其是教科書），但對有學習慾望的學生而言，仍然是在可容忍的範圍之內。

對學生而言，購買教科書的負擔確實比以前沈重了許多，教科書持續的漲價，已引發出版業為何把教科書價格訂得這麼高的爭論，筆者在美求學時，為節省支出，以採買二手書為開學之第一要務，而且必須先選才能先贏，否則只有買到舊的書且品質不理想的書，或只能買全新的教科書了。美國出版者協會的高等教育執行長希爾德布蘭（Bruce Hildebrand）表示，教科書的生產成本很高，而其市場很小，但一般教科書現在平均每三至四年改版一次，比二十年前四至五年頻率要快，這種速度好似電腦軟體的更新速度，必須要花金錢來解決這種問題的發生。教科書價格漲不停及新版本氾濫的情形，已引發呼籲州和聯邦立法約束的請求，美國審計總署前述研究就是由美國國會幾名議員所促成的，民主黨參議員 Charles E. Schumer 甚至已經提案，希望給予每年至多一千美元的教科書費用免稅額（陳穎柔，2005）。

反觀國內的情形，教科書的作者大多為學界的老師，通常不會因為教科書市場的規模較小，而刻意的提高售價，教科書作者們的確非常仁慈，而不是以營利賺錢為目的，仍然保有身為教育者的使命感。另外，國內有許多家長無法繳付孩子的學費與營養午餐的費用之報導，已經不足為奇了，若是要談論支付教科書的費用，那就是更加的遙遠了，而在大學教育中，也比以前有更多的大學生辦理助學貸款，以私立大學的學費而言，一學年約需十萬元學費，也就是說大學生一旦大學畢業，就面臨負債四十萬元的情境，這還不包含其大學四年所需教科書、輔助教材和生活費用，一個大學學士的文憑，其價值可見一斑。

眾所週知的，現今大學除了學費高之外，老師們在授課時所採用的教科書，也越來越多元多樣化，不論是中文版或英文版甚或其他語言版本的教科書，其市場本來就不大，當然成本直接反映在教科書的價格上面。早期的教科書，其內容更新的速度較慢且資料可能較舊，並不能符合與因應時代變遷的速度，因此不見得真正適合教學。現在的學生也相當聰明，大都希望能獲取最新的資訊，倘若老師所教授的資訊皆為最新的，學生們上課的情緒與意願，也應該會相對得提升才是。

教學的客製化出版，絕對是數位印刷的擅場。客製化的教學出版，是從多種書籍的來源選取適當的教材，專門給受教的學生上課用，但因學生人數並不多，因此出版的印量並不多，故多以數位印刷來承擔此種工作（那福忠，民 94 年 6 月 10 日）。在實際的教學應用上，數位印刷的應用可以是，採用 A 本書的第三章與第六章，以及 B 本書的

第二章與第八章，或再加上 C 本書的第十章，這些是教師所認為適合用於教學的內容，才可以使得教學可以更充實與廣泛。

可是在目前的狀況下，在不需考慮經濟上的狀況下，只能購買全部的教科書用於教學上，以達到教育的目的與理想。但學生的負擔就必須承擔這不輕的擔子，可能的模式是教科書也以數位印刷的方式加以印行，而且可以指定印出某一章之章節或某幾章的章節，然後將所有必須要教學的教科書，以數位印刷方式列印出來並裝訂成冊，全部印出來的內容來教授給學生。如此一來，老師能將受其所想要達到的教學目標，相互的參照教科書的內容，又能在最經濟實惠的方式下來達到教學的目的，學生也可以因為如此的方式，實在是一舉數得。

另還有其他運作的模式下，老師的著作可以以一個單元為基準，就可以出版，以達到所有的教科書內容皆為最新的資料，讓學生能充分的吸收與學習，對老師、學生以及出版社皆為不錯的組合，降低紙張的使用與浪費，以達環保的要求，達到共存共榮的地步。這種教學方式的進行，也只有以數位印刷才能達成，以較經濟實惠的方式，給予學生與教師們大大的便利，教學的品質應該是會加強與上升的。

在學校內可設立印刷出版單位，專職負責印刷與出版等事務，經由電子檔案的傳輸等，將老師們的著作加以印製成整本書，或以每一單元的小冊子，並可直接印上學生的姓名、學號、與班別，甚至可以建立直接對學生在學校的帳戶收取費用的機制，而學生只要到印刷出版單位的辦公室領取即可，方便學生也方便老師，以促進教學的提升。

在美國，事實上已經有老師將其著作（教學為主），直接跳過出版社與書店的傳統模式，與學生直接進行交易，省卻了中間商的剝削，將利潤直接反映在成本上，可增加老師的收入與降低學生的負擔。老師可以用電子檔的方式交由學生去複製，或由老師與數位印刷業者，將著作直接印出，再或者應用網站的功能，將資料交到學生的手上。這看似完美的模式，別以為是無懈可擊的，版權的問題若不能解決，那將會是這數位印刷出版機制中最大的殺手。

大陸在出版的態度上與自由的國度有著明顯不同的做法，因為大陸的出版社完全為國營，數位印刷應用在教學上的篇章列印的模型，只要大陸官方政府高層主管有此認知，這模型成功的機會是相當的大的，因為最複雜的版權問題是可以輕易的迎刃而解的，技術與軟硬體設備的成熟度，早就可充分發揮了，若官方能一聲令下，執行是會很有效率的。

第四章、教學上之數位印刷模型

由於新科技不斷的進入人們的生活，如何將新科技有效的應用於大專教育中，則是身為大學老師們責無旁貸的義務與責任。事實上數位印刷科技早已經進入我們的生活了，而印刷出版業者也早已將新的數位印刷科技應用於實際生產與銷售的服務上，但是數位印刷科技在我們教育界上的著墨，似乎就比較少了些與晚了些。基本上，數位印刷科技在機器設備廠商的技術研發上，早已不是問題，而是數位印刷其本身的機制尚未被完整的被建立起來，其中有些環節還必須要有效的串聯，此種機制才能加以整合起來，並建置於大專院校之內。因為大學教育中課程上授課內容教材的規定與設計，基本上是絕對的尊重授課教師獨立自主的授課權，這是相當具有彈性的，非常符合數位印刷的機制的。

老師在授課時，通常是將授課資料（內容）加以呈現與使用，而教科書就扮演教學中非常重要的角色，若是採用數位印刷機制的篇章列印的功能，而此就必須仰仗圖書館或與出版業界有互動的單位負責版權的問題，除了印製全本書之外，只列印局部的教科書也是可以行得通的方式，但其收費的方式為何，則有需要好好的琢磨了。

這種數位印刷模型的機制，是必須由大學內很多單位的結合才能圓滿的完成，雖然此模型原是以印刷的角度為出發點，但機制的建立卻必須是整合的角度來看待的，機制的本身需要教務處、圖書館、書局、會計室、資訊中心、印刷出版中心、教師、和學生等共同來參與。

使用者付費的觀念在台灣已經有了基本想法的認知，但在大學的環境當中，使用者付費的觀念對學生來說還有多加輔導與溝通的空間。學生普遍認為在學期初已經繳交了學雜費，在學校內所使用的設備，實驗室所需使用的耗材，理應不再需要付費，甚至老師授課時的講義等，應該已經是老師傳授知識（常識）的一部分，也應該不需要再付費了。

筆者在十餘年前國外求學時，曾修習一位老師的課，課堂中所有學生都必須去學校的書局，購買上課的講義來當成此門課的教科書，而講義只是老師手寫投影片上的拷貝本而已，共約一百餘頁左右，卻要價數十元美金，其所須之費用與一般上課的教科書並無兩樣。換句話說，老師在課堂上所教授的內容，將之平面化或是數位化，當成實體的教科書內容，而成為可以銷售的知識，對學生而言，這是必須要有所認知的，老師授課的內容都是智慧財產權的範疇，使用者付費的風氣與趨勢是勢在必行，因此老師們也必須對此觀念有需要調整的心態。

然而教科書的認定，似乎已經不再只是一本厚厚且非常專業的書了，而可以視為老師授課時的講義或是老師自己的著作（或部分著作）了。一旦使用者付費的觀念在大學內真正的被建立起來，利用數位印刷的機制應用於教學就可以上路了。也許有些人會認為，現在已經是數位網路的時代了，一切的資訊都已經可以上網或可以以數位化的方式，在顯示器（電腦螢幕、投影機等）呈現於課堂上或學生家中的電腦上，為何要多此一舉要將上課內容印出來，而且又不環保，但我們要知道資訊是否要印出來，與每個人的閱讀習慣有著相當大的關係，電子媒介與平面媒介的使用並不是此篇文章所要討論的，而是提供一個可能的解決方案且應用了數位印刷的科技。

國內在利用數位印刷從事與出版相關的業務，秀威資訊應該是走在國內的先鋒部隊，而且已經在穩定中追求更大的發展了，其他有些出版社與印刷有關的集團或公司也有相當的著墨，他們甚至以 DRM（Digital Rights Management）的角度來看，以數位內容的方向切進此市場，可以直接進入無紙張的市場，畢竟數位內容是我國努力要發展的方向之一，實在非常值得我們的學習與借鏡。

另外還有一個議題是需要被考量的，教科書市場對擔任作者的老師們而言，也算是另一種收入，由於數位印刷的機制，可能只有份部的內容被別的老師們所使用，作者與出版社之間對版權費用等議題，是買斷或是以銷售量的百分比，來計算彼此之間利潤的共享，是需要再行加以協商的。

第一節、國外的情形

國外對數位印刷已經發展有一段時間了，而老師對此也有一定的觀念與想法，誠如 Coursepack，其精神就是為大學某課程而從各種可能的來源搜集的讀物，而且裝訂成專書來出售，代替原來的教科書，其網站所描述的機制，的的確確是可以讓我們來了解與觀摩學習的。

Pearson Custom Publishing, Prentice Hall，以及 XanEdu 等公司共同成立一個團隊，為了建立與客製化 coursepack 而去創建一個良好的資源，代為處理客製內容的印刷、寄發與版權等事宜（XanEdu-Utopia for the Mind, 2005）。

美國已經有此機制的公司在運作了，XanEdu 公司是給教師們相當多的資源，以便教師花費更少的時間在蒐集與傳送資訊，以便有時間去做教學與研究的工作。當學生在找尋他們所需資料時，給他們一些工具去做研究，並獲取課程上的材料，以便節省大量時間的浪費，而且在大部分的情況下，與傳統上的方法與方式上，能以相對或是更低的價格來獲取。他們這些公司對高等教育的承諾且進行徹底的改革，以提供優值的內容與服務給教職員生們，都是利用數位印刷的系統來建立可以客製的印刷品（XanEdu-Utopia for the Mind, 2005）。XanEdu 的網站分給三個族群來使用，學生、教職員與批發商，以台灣的大學之數位印刷模型的網站而言，只需提供給教職員與學生即可，基本上是較為簡單一些，可行性也較高。

Digital Object Identifier（DOI, 可參考 http://www.doi.copyright.com.au/index.jsp）公司和 Huron Valley Printing & Imaging（HVPI, 可參考 http://www.hvpi.com）公司也提供了相當類似的服務，由此可看出這種市場是有其可行性的。筆者約早在五年前之 NCA（National Communication Association）的年度研討會上，即提出此項想法，會後也有與一業者聊到此項服務，他們的公司也正在積極的想推動此概念到高等教育市場，沒想到幾年之後，已經成為多家公司實際上的產品了。

第二節、一個課程的範例與流程

一個課程的規劃，通常由授課老師來主導，課程名稱、學分數、上課時間與地點等需與教務處來協調，再來的就是老師決定授課內容，哪些是教科書與參考書目，又有哪些教科書是將要被使用，上課的講義則是老師要準備的，若教科書是只有部分被用於教學中時，則必須轉由圖書館去洽談，授權其教科書部分內容被轉印出來的權利金等事宜，若授課是一完整的教科書，則書局可以去直接採購在轉售給學生，書局在此只是扮演代購的角色。

老師教授課內容與課程的資訊透過資訊中心的網路選課系統，將資料透過網頁呈現給學生。待學生了解課程資訊後，除了選修課程外，也必須購買上課的內容（可能是上課講義、一本教科書、部分教科書內容、或是多本部分教科書內容），並透過網路下單。出版印刷中心在接到訂單後，即可印製講義與部分教科書，並將其裝訂之，之後將此訂單的價格回報給會計室，讓會計室了解學生應付之金額，而實際列印出的書籍講義等，交付於書局，可由書局將此資訊通知學生，並請學生於指定的時間之內來領取，領取的學生可以是個人或是全體班級的學生（必修課）。

當然有很多資訊，可早在開學前或是選課前建置完成，學生在選課時即有充分的資訊來了解某一課程的授課方式與內容為何。在美國的老師，在開學前早就將授課之教科書等資訊，告知了書局，由書局來進行訂購之相關事宜，而學生在第一次上課時，即可直接正式的上課（因為所有的學生都已經有了教科書，並已經了解了上課內容等）。而整個機制的建立，就是為了要服務老師與學生，以提昇教學品質為原則，但這當中必須要有老師與學生的合作，而也要其他單位的輔助與幫忙，才有可能將此機制建立的較為完整與提高可行性。

第三節、數位印刷模型內的組成份子

在此數位印刷模型內，可簡單將組成份子區分為八個角色，而每個角色的扮演皆有其使命與目的，彼此之間有著直接或是間接的關係，而其彼此間必須要有相互輔助的關係，才使得此數位印刷模型得以整合，也才有其成功的可能性存在，而各角色所擔任的工作論述如下，而其彼此之間互動的關係，則可見圖一。

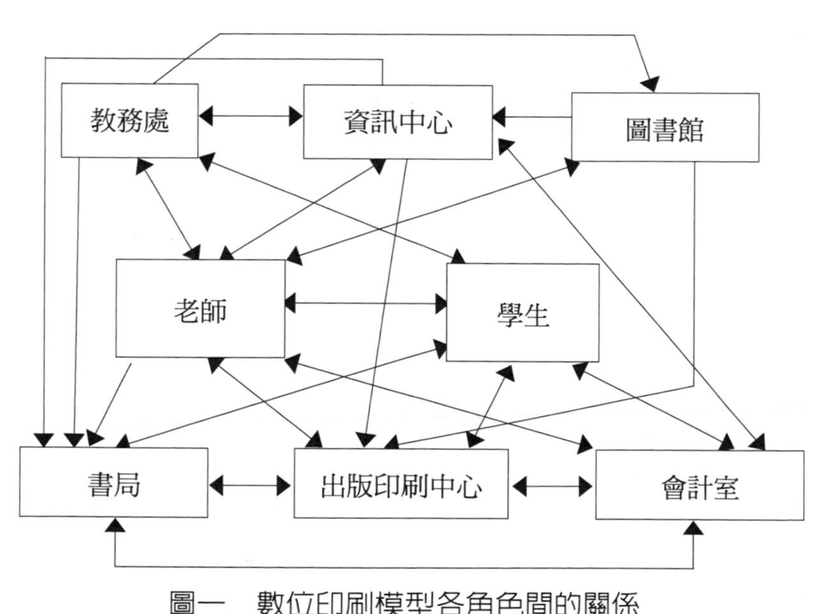

圖一　數位印刷模型各角色間的關係

一、教師的角色

將所有當學期要教授的課程，公佈於教務處選課系統之網站上，當然包含老師授課的教學大綱（課程大綱）、評分標準、作業、報告、各種考試、與上課的資料等，教科書當然可以是一本書，也可以是多本書，甚至也可以是教科書的部分章節，教科書可以是別的作者，也可以是老師自己本身的作品，甚至可以是自己撰寫的授課內容，將所有在課堂上要教授的資料，交由出版印刷中心負責來之印製出來，並可將資料集結成冊（書），而印刷的數量已經不再是問題了，需求多少，就列印多少。老師交付的資料可以是整理好的資料，也可以交由出版印刷中心來負責編排，甚至出版之。之後的事，老使是不需要參與的，老師只要實際負責教學的工作即可。

老師會與機制內的每一個角色，都有程度不同的互動，再運用多本教科書之部分內容時，需請圖書館協調版權事宜，若僅需一本教科書，則委由書局代為訂購，並直接銷售給學生，若是老師自己所撰寫的資料，除了印刷的工作之外，需要與會計室談談，共同分享講義的銷售利益的議題，在第一次上課前需交由資訊中心教此資料，公佈於相關的網站上，以供學生們作為選課的參考，最後則是與學生直接在課堂上的互動了。

二、學生的角色

現在的大學生也很有趣，對自己的責任、權利、與義務都不是很關心，常常需要系所的秘書等行政人員的提醒與督促。以數位印刷機制而言，學生只要有使用者付費的觀念，且多多關心自己未來的前途，所以每一門課程都是很重要的，除了選課之外，上課前所必須要準備的軟體與硬體，都必須自己要去負責與負擔，數位印刷系統機制的建立是為了學生，因此學生有必要花時間去了解並且使用之，若有不方便使用此機制時，也必須隨時反應以求此機制更佳的完備。

在確定選修課程後，要去了解課程將會使用何種資料作為授課內容，在學校相關網頁下單選購上課的資料，在指定的時間範圍內去書局領取資料，而且在指定的時間內繳交此費用。相對的，在取得上課資料後，也需要注重智慧財產權而不去影印拷貝之。但此機制若要能夠存活下來，就必須要達到去拷貝複製都不見得划算。

學生的角色，誠如圖示中所表示的非常清楚，與圖書館是比較沒有直接關係的，學生與教務處有選課上的直接關係，而必須透過資訊中心所建置的網佔來選課，買書要找書局，列印篇章課本的內容要印刷出版中心幫忙，與會計是有財務上的關聯性，課堂上與老師的教學互動等，都是學生在此機制內所扮演的角色。

三、教務處的角色

主要是安排教師上課課程等相關事項，例如課程名稱、代號、上課時數與學分數、上課地點、時間等，將各系所完整的資訊充分的呈現於網路選課系統，並且以學生的個人帳號（學生證號碼）來登錄選課系統，並進行線上選課。但選課系統等相關專業網路與網站的選課系統的建置，則必須與資訊中心來聯繫，由資訊中心來負責，並設計出完善且可靠的線上選課系統。

另外教務處還可以提供各項考試出題事宜，老師可以直接在線上出題，若老師將出題以電子檔案之方式出題，可以上傳檔案後，在交由出版印刷中心負責印製的工作，但其中隱密性與安全性的問題必須要先被建立起來，或是可由教務處自行設置一台數位印刷機，來負責印製的工作。

教務處的工作室不會輕鬆的，尤其是機制建立之初，其業務量將更為繁雜，除了本身的工作之外，督促教師、學生、和其他相關人等的作業，也會變成其重點工作之一，雖然有些事情並不是教務處自己本身的業務，但有代為轉達與傳遞的義務與功能，因為教務處必須扮演最為仔細的角色，可見其在機制中所負的責任有多麼的重要。

四、書局的角色

書局在整個機制下，工作應該是屬於相對較為輕鬆的部門，只要將學生所下之訂單，不論是書籍或是講義等，在一定的時間內，交付給學生即可，當然其效率與庫存也是需要考量的要素。如何與學生真正的接觸到，將學生訂購之書籍講義等交付給學生，也是一件不容易的事情，另外若可以透過與學生直接的互動，進而了解學生們對此機制的回饋，是好的或是壞的評價，或是又該如何的加以改正與修訂，以便提昇整個數位印刷機制的服務品質。若是教科書是一完整的書本，也就是所謂的實體書，書局在大量採購之下，較可以有折扣的空間，對學生直接向出版社來購買，應有較佳的議價的空間，讓書局與學生皆能獲利。學生領取課程資料，是可以透過郵件、電子郵件、手機簡訊或是電話等方式，來告知學生可於何時來領取資料。

雖然工作較為單純，但似乎書局也有所謂的旺季與淡季之差，剛開學或是在開學前，為了要滿足學生與老師的教學和學習的目的，其忙碌的程度決不亞於其他單位，而且還在金錢上與學生有直接的交易行為，所以也會與會計是有互動，財務上的事情是最需要謹慎小心的。

五、出版印刷中心的角色

此單位的角色可以以利潤中心（Profit Center）的出發點看待之，必須與教務處、資訊中心與校內各院系所保持良好的互動聯繫，以便提供更完整的資訊與提昇服務品質，畢竟大學內的教職員生就是印刷出版中心的客戶，客戶就是衣食父母，如何滿足客戶的需求，應該是相當重要的議題。

以對教職員網站的服務而言，老師可將個人上課講義，上傳至印刷出版中心，老師可以將文字檔案傳至印刷出版中心，以提供印刷出版中心將著作內容加以編排成單元章節等，或由老師自行處理編輯排版的工作，並可在日後集結出版成書（這當然必須先與老師多加聯絡以確定版面篇排設計等相關事宜），並代為處理 ISBN 等出版相關事項。

以對學生網站的服務而言，課透過網站的資訊得知課程代號、名稱、授課老師、教室與授課內容的相關資料等，如教科書、考試資訊與成績計算等。也可透過網站，訂購授課內容的教科書或講義等，在確認訂單後，可選擇何種方式告知來領取資料，並選擇該訂購資料之付款方式。

出版印刷中心的角色就有如 POD 的角色，有訂單才進行印製的工作，其本身不會主動印製，除非老師規定同學一定要購買某些教材，老師可以要求出版印刷中心直接印製出來，因為學生必定要採買才可以上課，但這通常只適用在必修的課程上，選修課可能就不在此範疇之中。

六、資訊中心的角色

所有的教科書資料都應該以數位檔案儲存之（由圖書

館授權而來的檔案資料），管理之責首當由資訊中心（電子計算機中心）來負責，檔案的管理與資料庫的維護等等，皆必須仰賴資訊中心專業層級的幫忙，另外整個網路選課系統的建置，也必須由資訊中心負責，在整個數位印刷機制中所有角色中的互動與協調，都可以由網路的溝通來完成，所有網頁的管理與建置，那當然也應該由資訊中心來扮演，可見其吃重的角色是相當不容易的。網站的建置與系統的維護，在專業分工的原則下，理當由資訊中心來負責，由此可知，在這數位的的時代中，資訊中心扮演著舉足輕重的角色。

資訊中心是整個數位印刷機制中，最為專業的單位，而且其工作的事項也是最為複雜的，但有賴電腦資訊的發達與發展，資訊中心的角色是會越來越重要的，他所提供的服務，不僅針對校內的各單位，也包含了學生，甚至必須與外校的專業團隊有進一步的互動，才能達成賦予的使命，他必須與每一個機制中的角色有絕對的互動關係，層次上有些差異而已，但絕對是大家爭相需要的單位的。

七、會計室的角色

在使用者付費的觀念與機制被建立的基礎上，任何人透過網路系統對課程資料下的單，都必須回饋到會計室的系統當中，與金錢有關的事項當然是由會計室來負責。而學生或校內的任何人的帳單，可以是每個月寄帳單的方法，透過郵件或電子郵件的方式，來告知系統的使用者，其使用此機制所應付出的金額為多少，又應該如何與何時去繳納，都必須在傳遞的資訊上說明清楚。或者是在學生去領取其下單的資料時，繳交應付的款項亦可，應該要提供多種符合客戶（學生）需求之方法的。

有錢能使鬼推磨，會計室就扮演著這種角色，有錢的話什麼事都好說，沒錢的話，寸步都難行，但此機制是要與學生直接的互動，還是由別的單位先和學生互動，在與其交易，則可能要實際上看看其效益才知道，最好是事半功倍，要不然與金錢有關的事，大都是麻煩的事情，我們都有少碰為妙的感觸。

八、圖書館的角色

圖書館扮演著相當重要的角色，數位印刷機制的成功與否，取決於圖書館的努力，因為所有教科書或其他參考書籍的版權，都必須由圖書館來負責接洽、溝通、與授權，甚至連權利金的談判等等，都必須要由圖書館來負責，一旦將版權事宜解決，數位印刷機制才可以很完整的的被應用於教學上，以達提昇教學質量的目的。

其實圖書館看似被動，但卻又可以最為主動，圖書館可以直接先談版權的授予，再來談到底會有多少會直接有交易，老師們在選擇教材時，一定會將版權事宜多加考量，若版權已經沒有問題，一定會較積極的態度來執行數位印刷機制，以便能提高教學品質，這樣的圖書館就是人人讚揚的圖書館，也是機制能早日健全的關鍵所在。

數位印刷機制的模型當中，明顯的是必須要有很多單位一起投入的，很多的細節是必須要好好的溝通，越是整合性的模型，就需要更多的關心與時間，一旦將機制建立起來，對大家都是全贏的局面。另外此數位印刷模型的成敗關鍵，在於校方態度上的支持與否，各相關單位是否有共識與否。不可否認的，因為此模型中有的單位會因此而增加了業務工作量，有的單位卻要以利潤中心的角度，提供服務來看待此模型，是否會事半功倍或是事倍功半，在乎於所有的單位有否決心。

此模型可以說是以數位印刷科技中的隨需印刷（Print on Demand）的角度來看待，其中部分印刷的工作在成本的考量之下，有時可以以影印機來輔助之，以便降低成本來優惠學生。且數位印刷模型的機制中，當然有些是黑白印刷，有些則必須是彩色印刷，畢竟現在的社會也比較注重包裝了。而數位印刷的工作是可以由學校內部的單位，類似出版印刷的單位來負責，或是完全由委外的單位來負責，甚至也可以由教授本身自己來負責與執行皆可。

數位印刷模型如此下去，有另外一件事可能需要被考量，那就是作者的收入是否會因為此機制的存在甚至盛行而減少，出版社與印刷廠是否會因此而降低的出版印刷的量，這中間所有的角色的扮演者都必須有所警覺，角色扮演的份量是愈來愈重或是越來越邊緣化。相反的，對讀者基本上是好消息，可以用比較合理的價格購買真正需要的資訊（資料），不需要的資訊是不需付錢的，相對的作者，則更必須要以更積極的態度來創作，因為教科書市場可以更大或更小了，教科書作者彼此之間的競爭與合作則應該會越來越白熱化。

這個數位印刷模型與機制，無論如何都必須建立與執行在回歸以教師與學生為主體為原則之下，因為他們是教育制度下的最重要的角色，也是此模型建立的最終目的。而數位印刷是提供了服務，以相對較經濟實惠的方式達到教學目的，而教學的內容還能越接近最新的科技理論與實務，使得教學的品質得以提昇。

第五章、數位印刷在一般業界的應用

其實遠在在 1999 年時，台灣陸續引進了當時最為主流的三種商業數位印刷機，Agfa 的 ChromaPress、Xeikon 的 D1000 及 Indigo 的 E-Print（現已為 HP 公司旗下的產品）等，台灣的印刷市場的規模雖小，但參與的設備廠商卻沒有減少，所以其競爭是十分激烈。我國市場大都以少量多樣的印件為大宗，然而美國的市場也是朝此方向走來，而數位印刷市場大多以少量多樣為特色（Poporani, 2000）。

我們在台灣所見到的宣傳單 DM（Direct Mail），可以說是最早進入數位印刷市場的應用的，因為這是最容易簡單的應用。如果進一步的分析，絕大部分的數位印刷機，皆有其輸出尺寸上之限制的，通常最大只有大 A3 尺寸的大小，換句話說，只要是比 A3 還要小的印刷商品，大都可以算是數位印刷可能應用的市場，如名片、喜帖、海報、申請表格、宣傳單、雜誌、個人化郵票、入場卷（門票）、商用型錄、帳單、保單、書籍、與報紙等等，其應用範圍算是相當廣的，但我們對這種小尺寸印刷印件的感覺，總覺得似乎少了些什麼，台灣業界當時對此新科技的發展，似乎並不領情，導致這三種數位印刷設備，僅僅有少數印刷商家購買，但大多數的印刷出版業者的採購意願不高，確實是使這先進的數位印刷機，英雄無用武之地之鎩羽而歸，實屬可惜。

但我們有時候可以考慮另一個議題，與文件相關的產品之印製，因為數位印刷科技的幫忙，大大的提昇了組織效率的機會，若能與網際網路作結合，其效能與服務的提昇更是對客戶有極大的回饋，這回饋不見得是以實際上的金錢來看待，有些是對公司無形的利益，例如形象的提昇等等，也就是說採購這種設備，是有廣告的效用的，而國內的企業也步上以這種方式來增加其媒體的曝光率（Sherburne, 2004）。

事實上，POD 源起於 1989 年美國最大印刷廠 R. R. Donnelly，當時是開闢了一小間廠房，用了兩台 Kodak Ektaprint 1392 PostScript 列印機與一些影印機，印製教科書、專業書籍與各種指南，且每種印量從一本到五百本都有，交貨時間是二十四到四十八小時，時效的需求就此有了概念。這個小廠房在一年以後，年訂單達到一萬筆，其中有六千筆是只要印一本精裝書的，但年總印量在六千萬 A4 頁，合計有二十五萬本書。1991 年，年總印量高達一億 A4 頁，POD 的營運型態逐漸確立，同時也被粗略的被定義為：依顧客所需的時效、地點與數量所完成的的印刷作業（那福忠，民 94b）。

第一節、可變資料印刷（VDP: Variable Data Printing）

近年來 VDP 的確成了業界注目的焦點，很多人認為 VDP 市場愈感有趣的是由於它的簡便、使用容易、快速發展、連貫性的整合、開放的系統、單一平台、網路為基本的能力與多種傳輸能力等等，都是 VDP 業者所強調的服務與優勢。為因應客戶種種不同來源的工作資料及檔案的格式，VDP 的使用廠商，相對建置了許多的解決方案，可從近端與遠端來控制，甚至藉由建立電子檔案來傳遞，以便資料庫檔案資料的收集歸檔。客戶可選擇在文件內容中結合文字、圖形、影像、資料庫的變動資訊以及簡易或複雜的文件，以印刷方式或數位出版方式來呈現，而這些 VDP 服務，很多僅是由輸出中心（Service Bureau）所提供的（Weston, 2005）。

在 PODi（Print On Demand initiative）的 2000 年「Best Practice in Personalized Print」的報告中提到，VDP 早就明顯的影響了數位印刷流程與生產過程，尤其是對隨需印刷的印刷公司、輸出中心、廣告商與企業內部的行銷部門，VDP 甚至也影響了採購的決定與策略。但要運用可變資料印刷的好處且運用得宜，必須要有具資料庫能力的專業人士，事實上若沒有資料庫能力的印刷公司，是非常難進入可變資料印紋印刷市場的。除此之外，消費行為學也必須置入數位印刷的應用，而在印刷的技術層面，除了數位印刷機（不論黑白或彩色）及平面設計與頁面編輯人員之外，也必須要有將資料整合與應用的可變資料印刷軟體才行。

數位印刷設備系統在美國的市場當中，是持續不斷的且沒有休止的出現在數位印刷生產商的銷售數量與業界的研討會上，PODi 的總經理 Carolyn Valiquette 指出，我們處理資料以有一段很長的時間了，似乎這不是什麼大不了的事情，但我們不僅是說只是將姓名、地址、城市名、與郵遞區號或是一些預先印刷的這些資料而已，你甚至必須作些資料搜索，以便確定印刷的內容真正的與客戶是息息相關的，你也必須作些資料開發與開採（Data mining）的研發，以便 VDP 市場可以真正的起飛（Peck, 2005）。TrendWatch Graphic Arts 的分析師 Heidi Tolliver-Nigro，更進一步說明，數位印刷最重要的是確認、發展、行銷、與銷售你的服務給你的潛在客戶，並基於他們對可變資料印刷的需求，教育你的客戶（“Best practice,” 2000）。

事實上，VDP 的應用，乍看之下只有以印刷的方式來呈現，但既然可以是電腦處理的資料，即可以電子的方式來傳遞與呈現，給了 VDP 的應用有了更大的彈性與發展的空間，而 VDP 能建構在不同的軟體上，尤其可以應用在目前兩大主流編輯排版軟體 QuarkXpress 與 InDesign 上，並且可以在不同的平台與作業系統上。美國一個軟體廠商 Exstream 公司甚至說，他們的軟體所提供的個人化的解決方案，甚至可以幫助客戶在文件的應用與建置與修正上，更可以使客戶比以前快百分之六十的速度進入市場，節省了百分之八十的時間，也就是說成本之支出與時間的節省，降低生產與遞送的成本約百分之八十，經由更多相關時間性的資料與資訊，以增進與客戶之間的關係（Weston, 2005）。

然而有百分之三十八的設計服務公司，在過去的一年當中，採用了 VDP 的形式的，而其中是有一半是彩色的印件的，而在 Interquest 的「Color Variable Data Printing: 2004 vs. 2003」研究中，更清楚的分析出北美與歐洲地區的 VDP 市場，在短短未來的三年中，每年將有一半以上的成長。對大客戶而言，我們的服務在 VDP 的市場並不會有很好的利潤，因為他們也會挨家挨戶的訪價，但對一些較為小型的客戶或是對量的要求較少的客戶時，這種情況較不多見，因為一千到五千份的量，其相對的金額的確是不大的（Smith, 2005）。

我們必須要了解到，一般印刷出版單位並沒有多餘的時間與精力，以現有的作業習慣與工作流程，以開放環境來轉換到標準的技術平台上的，這就是軟硬體廠商所要努力的，然而，2004 年對 VDP 市場是個非常積極熱絡的一年，參與者的併購、產品的問世與 VDP 能力的加強等，都顯示了 VDP 是個非常有市場潛力開發的市場。2004 年的

DRUPA 及 GRAPH EXPO 也有越來越多的廠商，相繼的開發新的軟硬體來問世，幫助有興趣進入 VDP 市場的業者，增加的變動資料的幅度，亦即文件內容變動資料的面積，不論是文件中的文字部分或是包含了影像和圖形的變化，都可在開放式環境的標準系統下，完成最佳與最有效的產出（Weston, 2005）。

舉例而言，以密西根州 Kalamazoo 市為基地的 Acron Stores 公司，是個以女性衣著為主的零售商，也用了 VDP 發展出一套客戶忠誠計劃，執行的成果是比前一年同期的銷售業績，足足提高了百分之二十。另外以學校募款的 Cherrydale Farms 公司，也因為印製了個人客製化的目錄，而大大的增加了五百五十萬美金的募款金額，北亞利桑那大學在招募新生時，也應用了 VDP 而建置的個人化目錄，提昇了百分之四的新生報到率，對學校而言，那的確是一筆不算小的與學費有關的收入（Peck, 2005）。

數位印刷雖被印刷出版業界的專業人士所背書，認為它已經克服了為平版印刷所詬病的品質之偏見，Smith（2005）毫不留情的指出，VDP 的應用上也逐漸出現了瓶頸，早期進入者也遭遇到一些其他的障礙，且已經被證實是有困難去突破的。一、使潛在的客戶明瞭數位印刷科技以及將要如何的開發之；二、說服市場行銷人員有關投資報酬的問題以採購此項服務的數量以量大為基礎；三、資料庫的議題，客戶並沒有之前的經驗資料可提供我們來採用。這些似乎是一般要提昇自己，為更高階的解決方案的提供者，所要進一步思考的重要課題。

我們可以好好的探討由 RIT 的 Patricia Score 博士和 Michael Pletka 先生所做的研究—「Digital Printing Success Models: Validation Study」，他們將數位印刷市場做了一些分類，書籍版本、郵寄的整合、個人化、帳單印刷、網路隨需印刷與全面的客製化傳播等。而在專題研究問卷當中，百分之八十四點一的參與者認為「需要與客戶溝通個人化的價值何在」，百分之八十二點九的參與者表示「他們並沒有保留或根本沒有客戶關係的策略」，百分之八十點六的參與者強調「他們僅有很弱的客戶資料品質」，超過百分之七十的參與者指出他們擁有裝訂、郵寄送達與資料庫管理的服務等，提供給他們的客戶，但也只有百分之二十二點八的參與者回答說，他們有在評估客戶透過 VDP 的成功經驗（Smith, 2005）。

如果能取得正確的工具與科技，才可以真正的使得 VDP 不再是個障礙，印刷科技與技術已經準備好了，服務已經可以更佳了，而作業流程更是重點，工具與系統可以合而為一，數位印刷機就可以相互支援與配合的天衣無縫了（Peck, 2005）。數位印刷技術已經更為優良了，而數位印刷品質上的問題算是已經解決了，而且每張單價也以更快速的速度與平版的單價貼近，以業界而言，我們必須提供正確的與簡易的工具，便於 VDP 的建置，就如 Microsoft 的 Office 一般，幾乎每一個人都會使用，現在雖然還未發生，但是我們確實是朝那個方向來前進（Peck, 2005）。另一件更有趣的事情是，目前應用數位印刷機相當多的是，一般研討會與公司內部會議時的資料，就是以 Microsoft 的 PowerPoint 的檔案為主，以書面的方式加以呈現，非常的方便，並與報告者的螢幕相對應之，達到聽眾與報告者相互的溝通，達到報告的目的，但這還是由數位印刷業界來提供此項服務。

VDP 的投資花費是可以大也可以小的，可以低階也可以高階的，在於業者對未來發展與其市場趨勢為何而定，因為數位印刷系統的投資可少到兩千到四千美元，就可以擁有簡易的軟硬體系統，硬體的印量、速度、品質與軟體的功能等等都是決定系統價格的因素，當然也有數十萬美金甚至更高價格的系統，我們確知應用與使用 VDP 的能力越來越容易，相反的以現在與未來的 VDP 的解決方式與應用方式，這種進入不同 VDP 市場領域的決定，則因為選擇越來越多，而驅於複雜與困難（Weston, 2005）。

有一項有趣的觀察，那就是印刷出版業界對 VDP 傾向過度的思考，使它比它原本的需要而更為複雜，全錄公司的 Zusman 認為印刷出版人，他們所認為的任何事情與每一個東西，都必須是可變的想法是錯誤的，因為行銷人員早就知道什麼是該可變的資訊的，這是他們的工作，是要去判斷個別客戶不同的需求，他們是有足夠的能力去掌握客戶的，並不需要印刷業界人士，以印刷的角度來看待這個 VDP 市場（Peck, 2005）。最後，Fleming 建議，要想提升 VDP 的價值，最好能把範圍縮小，選擇少數專業與分送通路明確的印刷品，才比較容易成功，而先決的必要條件，就是需要良好的產能管理與流程管理（那福忠，民94b）。

第二節、 個人化印刷與直接行銷（Personalized Printing and Direct Marketing）

個人化是當今的潮流之一，大部分的人都希望有個與眾不同的個性化與個人化的商品，在數位印刷的重要功能中，可輕鬆的達成此項使命，直接行銷或是一對一行銷（One-to-One Marketing），應是相當好的行銷方式與手法，針對每一個客戶直接做行銷，基本上就是對每一個客戶的需求來量身訂作，也就是說每一個客戶所得到的是最佳的服務、對待與尊重。

美國一些具指標意義的大型企業，如 American Express、MBNA、Merrill Lynch、AFLAC、CIGNA、與 Kaiser Permanente 等等，他們這些公司使用了數位印刷的機制，符合了個人化傳播的概念，將訊息傳遞給他們廣大的客戶與會員，也因此獲得了廣大的迴響（Peck, 2005）。另外，美國人的個人之退休帳戶 401K 中，其中的帳單、銀行、個人化訊息、與電信等資料，使用大量數位印刷來作為個人化的一對一市場行銷方式，這已經不算是什麼新的模式了，但可惜的是我們在台灣卻較少看到這方面的應用。除了帳單、保險、與健康醫療等業界，數位印刷也已經結合到新興的市場，如旅遊與娛樂，我們甚至看到在教育機構和政府單位，已經看到了相當的成長，且堅信將來高科技的市場也會如此（Peck, 2005）。

在我們每個人家中的信箱之內，多多少少都會有一些所謂的廣告宣傳單，報紙內的夾報之傳單亦然，但又有多少人好好的看過這些傳單呢？也許大賣場的宣傳單比較與民生必需品有直接與密切的關係，被閱讀的可能性較高，若宣傳單上是兒童美語之補習等等，除非家中有孩子有學習美語的需求與機會，否則那些宣傳單大多將遭到直接丟到垃圾桶的宿命。宣傳單是何其無辜，它只不過是要傳遞一些訊息給一般消費大眾，但問題並不是宣傳單本身與一般消費者身上，可以說是製作廣告宣傳單之業者，他們的動機與心態為何，為什麼宣傳單一定要以量取勝，以非經濟、非環保、或是非好品質的方式，到處發放或郵寄廣告宣傳單，然而這種方法已經沿用了好久。

這種非有效與非理性的宣傳手法，似乎是粗糙的行銷方式，原因不外乎他們並沒有好好的思考他們的行銷策略，仍依照傳統的方式做下去，不會去因應新潮流與新科技的發明與應用，也可能肇因於印刷業界（包含印刷廠與設備供應商），未能充分的傳遞與教育印刷業界的客戶，未能將已有的新科技與技術及解決方案告知客戶，使得客戶仍然採用老舊傳統的方式，浪費時間與金錢於無形之中，或肇因於台灣的市場規模太小，或是這類型的客戶對印刷業界而言，屬於較小的客戶，並不能帶給他們較大的印量與利潤，但真正的原因，恐怕還得印刷業界與其客戶好好坐下來商量探討才是。

早期這種使用散彈打鳥的方式來散發傳單郵件，在美國約僅有百分之二回收率（response rate），但以 VDP 加以實踐，且放入印刷業務主軸的印刷公司，卻得到了百分之二十到四十的回收率，在如此高的回收率的背後，以商業性與技術性的角度而言，也是相當的不容易達成的，因每一頁的單位成本反較以往高出許多，而且較為複雜（Miley, 2003a; Romano, 1999）。然而數位印刷在新的科技的長足進步下，已經被證明出可以增加及改進回收率，增進客服的水準及降低整體的支出，減少進入市場的時間及增加生產力（Roman, 1999）。

市場行銷專家已經注意到了，並開始嘗試與試驗這些新的模型，他們發現這些多重管道的傳播媒介－電子與紙張式的傳播策略，是個有效率的方式將訊息傳遞出去，傳統的大量印製傳單的方式，其成本效益並不會很理想，新型式的傳播策略，必須應用數位印刷之 VDP 與綜合其他多種傳播管道的方式等，來增加其傳播行銷的目標與目的。在個人化傳播的資訊中，典型的會附加一些促銷的內容，但不見得只有與行銷有關的資料而已，個人化資料中不但包含了姓名與地址、變動式的影像與圖形，甚至對每一個人可以有完全不同的頁面設計。新的行銷傳播模型，也已經在教育訓練領域、產品行銷領域與需要高度文件密集的領域去拓展與部署，印量的要求更為縮少與更針對目標市場的領域而前進，也因為數位印刷科技在總成本上控制較為低廉，使得按需的彩色數位印刷發展的更為發揚光大（Davis, 2004a; Sherburne, 2004）。

客製化的個人資料，聽起來似乎很難製作，專家們說並非如此，實際上不需要很多資料，就能客製成個人化的資料。一個職稱或是一個郵遞區號等，都可以延伸出許多有意義的資訊，就可以用來做市場的促銷，即使是小型企業的一筆小小資料，同樣也可以從適合的對象中，在個人化的市場中獲利（那福忠，民 94e）。美國的 Mazda 與 Oldsmobile 兩大車廠，在數年前採用了數位印刷的方式，針對了以前客戶做了深入的研究，這就是最佳的一對一行銷的典範，因為是有效的運用數位印刷機制，增加了銷售量且得到了超過預期的回收。

在台灣，以招募會員為主的大型賣場，可以說以萬客隆（不需入會費，但於 92 年年初停止營業）、大潤發（不強迫入會且不需要入會費）、與好市多為代表。但好市多（Costco）只針對會員來服務，而且是台灣目前唯一要繳交會費的大賣場，而其內湖分店更是全國業績最好的賣場。若有會員制且一定要使用會員卡的賣場，會員在賣場內所消費的產品，是可以將顧客的消費紀錄加以儲存，可在分析顧客的消費行為時，利用此資訊來加以銷售促銷商品，將要促銷的物品加以彙整，並將此資訊有效的印製成 DM 或寄些折價卷（coupon），給真正需要某種或某些商品的客戶，引導他們前來賣場採購與消費，客戶除了會採買他們所需的商品外，也可能多多少少在參觀逛街之餘，創造出新的消費，增加支出，也因此擴大業者的銷售業績，且在可以控制的成本內創造更高的業績與利潤，若可能的話，再回饋給消費客戶，以期達到雙贏或全贏的最佳境界。

實際上在台灣，數位印刷在印刷費用成本上仍然偏高，在台灣目前最大的數位印刷市場，佔有率最高的富士全錄（Fuji Xerox），其數位印刷機器設備有租賃與採購兩種方式，維修與油墨碳粉的耗材部分皆由全錄負責，收費方式是無論尺寸的大小，以每印一次收取單一費用，單色的費用便宜，彩色的費用較高。

以上種種的發展顯示，印刷出版業也必須進行垂直整合（vertical integration）與水平整合（horizontal integration），但其中之發展互有利弊得失。在水平整合中，紙廠與印刷廠間的合作與併購已屢見不鮮，並還在持續的進行中。在垂直整合當中，印刷出版產業與資訊科技（IT: Information Technology）產業的結合也應勢在必行，電子媒體的興起與繁榮的發展，已經是一種趨勢，印刷業界不參與其中，恐怕將失去其未來的發展機會。美國的業界早已結合了 E-commence 為其重要的發展之方向之一。

在數位印刷的採用建議上，有兩個基本價值的建議需要考慮，在於數位印刷增進了印刷文件的方式與方法上的效益與效率，使得個人化的文件更為簡單與有效，客製化的資料與訊息更能有效的散發與傳遞給接收者，在有關效率的關係上，PODi 認為以資料為主軸的自動化流程，可以提高印刷生產者較高層次的生產力與較少的浪費（Peck, 2005）。

舉例而言，在美國明尼蘇達州 Hastings 市的 Pinecrest 小學，出現了學生自己客製化與個人化的畢業紀念冊，有些學生甚至說他們會一直想要個人化的紀念冊，因為個人的姓名、活動與學術上的個人成就等等與自己有關的事件活動與照片等，都可以印的出來的。另一個例子在美國加州柏克萊市的 Backroads 旅行社，積極的去建置並寄送了客戶個人化的郵件，而郵件內容與資訊的建立，則以客戶過去的旅遊經驗與客戶的旅遊習性為藍本，提供未來個人化旅遊地點的建議，他們的努力的結果為與過去印製的旅遊目錄的回覆率的兩倍（Peck, 2005）。

第三節、非印刷出版業界的應用

目前國內的數位印刷市場，真正對此市場的印刷業界人士著墨並不多見，似乎並非看好數位印刷市場，或許是印刷業界的專業人士，對印刷產品的品質要求較為嚴格與執著，一般認為數位印刷相關的產品在品質上，的確與傳統印刷產品的品質上有一些距離，而招受到對此市場採取較為保守的態度，但是我們可能要真正的探討，應該以較為客觀的角度來看待此事，我們必須要了解到一般大眾對印刷產品品質的要求是什麼，畢竟一般大眾對印刷品質的要求可能趨向於兩極化，好的品質要求的更高，但一般的印刷品，可能不太介意品質的好壞，我們印刷出版相關業界，的確要加以考量如此的變化而有所因應才是。

進入數位印刷領域的人士，其原本的專業領域為何？我們還是要強調，印刷出版業界千萬不要鑽牛角尖，以自己原來專業的眼光與想法來看待自己的行業，適時的跳出自己所設的框架，應該看看數位印刷的機會為何，為什麼已經有人不顧專業的不足而敢勇於嘗試，思考多一些就可能會有不同的領悟與想法，會對自己身處的環境有一些不同的看法的。

然而已經進入數位印刷的業者，不只應該僅在自己熟悉的範圍內做生意，是應該跨到不同的領域來服務，也就是說與異業結盟，共創新的營運目標與商業模式，提供更好的服務內容來滿足客戶，以期能有更多的利潤。

一、代印業

若有所謂的數位印刷業，那代印業界就是一個最具代表的典範與模範了，我們可以從國外的資訊來看，數位印刷甚至可以自成一個產業，因為數位印刷已經可以算是一個具有相當大市場的領域了。一般的代印業者（影印店）大多設立於大專院校的附近，書籍的拷貝（仍有智慧財產權的問題），作業、報告與論文的裝訂等，都是代印業界的專長，運用數位印刷的系統可以提高其服務的產能與產值，而這種業務的領域恰恰適合數位印刷的基本應用，但是要如何的加值與增值其應用，則需要代印業者的智慧了。

從國內數位印刷設備商所得到的數據，在國內數位印刷機的市場，代印業界採購了相當多數量的系統設備，由此可知代印業對數位印刷機的捧場，也進一步的顯現出，代印業從此數位印刷設備中，獲取了不少的業績與利潤，使得代印業能夠轉型朝向新的方向，這當然是一件美事，以學界的角度而言，絕對是樂觀其成的。

二、帳單列印業

國內帳單業務量其實是分常龐大的，基本上國內的水費、電費、瓦斯費與最大宗的電信通訊費用等，都最好使用數位印刷機來列印這些帳單，試想中華電信的客戶有多麼的龐大，除了基本的市話客戶，再加上手機客戶，其帳單量是非常可觀的。這原本簡單且單純的帳單印刷，除了時效性的要求外，現在還可以外加了公司對客戶個人化行銷的內容，這樣的做法是期待能夠增加業務量提昇的可能，也因此公司內部可以有更多部門，而有了更多的參與。但同時公司也必須要謹慎小心，因為這些不得不變化的改變，有可能會是令人怯步與氣餒的。也因為如此，很多公司行號在面對這種種的挑戰，並沒有清楚的帳單印刷的生產作業流程，是不是應該要有的何種的對應策略？而且他們所看到的是，對整個以支援帳單印刷為本的相關一系列處理程序，這中間有著潛在的骨牌效應，而這效應可能是正面的，有可能有負面的效益會產生（Davis, 2004a）。

以帳單型式的數位印刷而言，增加色彩的印刷算是一個相當有障礙的挑戰了，因為數位印刷設備的成本，將會大幅的增加，處理的時間也相對拉長，而且製作的成本也會提高，但這似乎是無法避免的趨勢，因為一般大眾對此類服務的需求也加強了，導致前端的廠商，必須要考慮此種模式的可行性與要如何來因應。事實上，美國的很多公司也已經應用了彩色數位印刷設備（尤其是大量運用 Xerox 的 iGen3 數位印刷機）來印製彩色的帳單了，但數位生產製作流程的知識是一種直接的挑戰，另一需要考量的是印刷內容，要如何來做適當的安排與管理（Cullen, 2005）。

Davis（2004a）指出帳單印刷的商業模式有了些改變，而且是我們需要注意的：

一、郵寄的郵資仍持續的增加，迫使公司行號開始找尋較高價值的寄送，利用郵寄文件中的空白部分，列印一些資訊在其中，以取代信件中的附件，與可減少一些預印的資訊與倉儲的成本。

二、彩色數位印刷設備，持續降低其購置與生產操作成本，且不斷的提昇品質、可靠性與生產力。

三、在營運的方式是更加結合與整合了帳單印刷與出版的生產，以便降低生產操作的成本，並降低投資的槓桿作用與影響。

四、公司行號更進一步的仔細端詳，要如何利用客戶的資料，去橫向的連結與販賣商品和服務，以保留著客戶。

三、郵政業

由於電子郵件的發達，郵局在郵寄的業務上似乎也受到了相當大的影響，但拜所謂的個人化郵票的問世與推展，使得其業務有不同的面向，不僅是如此，郵政單位甚至可以直接印製個人化的信封。在我們日常的生活當中，我們會收到的郵件，除了帳單等與金融相關的郵件外，大部分親朋好友的喜訊，都還是以最傳統的郵寄的方式來傳遞此訊息，例如結婚的請帖，我們可以看到要結婚新人的個人化郵票的蹤影，但喜帖內容似乎也是相當一致的，沒有什麼變化的一模一樣，假若喜帖的內容可以更客製化的方式來呈現，以符合結婚新人對不同內容的要求，收到喜帖的親友是否會覺得很酷呢？不但文字可以不同，內容還可以變化圖形與影像，將婚紗的結婚照片置入喜帖之內，結婚的新人都希望能有不同於其他新人的風格與特色，這正好符合了數位印刷的基本優勢。

四、大型公司企業

我們都不能否認「有錢就是大爺」這個現實環境的現象，尤其是在經濟混沌的時候，專業知識的不足，原本是印刷商品委外的因素之一，現在的數位印刷已經降低了對印刷專業的要求，再加上效率與時效的限制，甚至有所謂「機密」的特別因素之考量下，In-House 印刷已油然而生了。大型企業內部的文件資訊是相對的容易輸出，與專業的印刷知識，較沒有太大的關聯性，每一筆資料可以相同也可以不同於彼此，大部分也僅是單一顏色的資訊，加上數位印刷機的印刷速度有的已達每分鐘一百八十頁 A4 的高速（大多數的數位印刷機有印刷兩面的功能），因此其他原本可以要求印刷業界代為處理的事項，皆可以由公司內部自己來完成，這樣下來，最高興的莫過於是數位印刷機的廠商了。

另外企業內部在做教育訓練時，已經有更為充分的時間去準備教材，可以因為有較長的時間，去包含更新與最即時的資訊，納入教育訓練的教材中，而且在呈現時以更為精美的平面資料，並將內容可以更為圖形與影像化，這些都可在最短或最即時的時間內將資料印製完成，並加以裝訂寄送達內部指定的訓練場所，以符合受訓的人員有更為有被尊重與物超所值的感覺，因為每份資料都可以更為個人化與客製化的滿足他們的需求（Sherburne, 2004）。

公司企業內部雖然多了專職人員的編制與機器設備，但其實際的效能與相關的邊際效應，卻不能只用金錢來衡量的，當然這種方式也有公司企業持較保留的態度。因此印刷業界針對這類型的公司所能提供的服務，有時候就相當的有限了，既然不能提供優良的服務，又無法替客戶創造附加價值，這當然也只有望球興嘆的份了，但是否絕對沒有機會呢？這又需仰賴有遠見的印刷前輩們，如何來看待這樣的市場與生態了。

五、其他

一般老百姓大概都不會陌生，當你買一個新的產品，其產品說明書或是使用手冊，很多時候是因為廠商為了方便與節省經費的原因，而將相同與雷同系列產品，列印出通用的說明書或是使用手冊，但大多數的人不能全數的接受這種方式，原因很簡單，因為這不見得能真正的幫助使用者，方便輕鬆的使用此產品，這還只是一般的相關產品或是看不見的服務等等。若是您購買的是非常高級的產品與服務時，我們試想這種說明書，或是使用手冊是否能滿足消費者，以前的方式或許是因成本差異太高而無法實際的執行，但現在這種情形已絕不會發生的，有高消費能力的客戶更會因 VDP 的機制，而得到更佳的服務與尊重。如果您買了一部價值三百或四百萬台幣的高級車，當您看車子的使用手冊時，並不能完完全全的通盤了解，其心情會是如何，但又如果在使用說明書上，處處出現溫馨的叮嚀與完整的訊息，絕不會有模擬兩可的字句，也就是說這使用說明書是專屬於車主的，這應該是讓車主有最佳的賓至如歸的感覺。

國家重要的數位內容計劃中的數位出版典藏計畫，這些不應是曲高和寡的計畫，而應是可以直接與民眾接觸的，在一般讀者還未改變其閱讀習性前，可以將資料或資訊印在紙張上，以供一般大眾閱讀、欣賞與了解國家所進行的計劃。而美國的政府機構已經持續在做一些工作，將以前的的資料數位化（不論是掃描或將影像資料轉成 PDF 檔案），將很多的申請表格或說明書等等，加以數位化至 PDF，以方便一般大眾使用。而我國業已開始著手進行數位資產的計畫，印刷出版界在此計畫中應扮演吃重的角色，吾等需好好把握住此機會，或許印刷出版界非是炫彩奪目的主角，但也可成為整體計畫中，最不可或缺的配角。

另一例子，在大中小型的研討會中，多少會有與會人員的資料手冊與文章論文發表的資料，若您的手上擁有的是印有您個人姓名身分與職稱（甚或照片等）的手冊，您是否會覺得與眾不同，擁有此份資料好似擁有附加價值，是否感覺參與此次之研討會備受尊重呢？而這些會議資料也可能不會因會議的結束而結束，是可能增加資料本身價值的，使得與會的人士受到不同以往的待遇，增加與會的意願與可能性，賓主盡歡的成功會議就不可言喻了。

現代人似乎由於電腦科技太過進步，也或許人們便得更為慵懶且怕麻煩等等原因、理由或是藉口，很少人會接到或寄送信間或卡片等相關必須以手寫的資訊，給他們的親朋好友了，也些傳統的節日，如生日、父親節、母親節、教師節、情人節、聖誕節或特定的紀念日等等，可能還是會有人願意寫張卡片或捎封信來傳遞祝福，這些簡單的應用，就看看誰能直接與終端客戶的每一位消費者，來提供此項的服務項目，重點是要去推廣與促銷此項服務，來告知並教育一般消費大眾，只要勇敢的說出你的需求，剩下的就讓數位印刷的業者，去傷腦筋來解決你的問題，與幫助你來達成你的要求，並滿足之。

第六章、數位印刷的設備與廠商

在數位印刷的領域當中，事實上已有相當多的廠商，投入這塊商機龐大的市場，本章僅就主要數位印刷廠商及其機器設備做一簡單扼要的介紹。

第一節、富士全錄（Fuji Xerox）

您在美國可以將拷貝（copy）視為 xerox，由此可見 Xerox 已經成為拷貝的另一種代名詞了，因此你可以了解到全錄公司在美國人心中的地位為何了。現今蘋果電腦麥金塔之作業系統（Operating System）的圖形使用介面（GUI: Graphic User Interface），即是蘋果電腦的創辦人史提夫賈伯斯（Steve Jobs），率先參考了全錄的圖形使用介面，進而發展出來的。之後，微軟的創始人比爾蓋茲（Bill Gates），他則是參考了麥金塔的圖形使用介面，進而推出視窗系統（Windows System），這些種種均是由全錄位於加州 PARC（Palo Alto Research Center）的研究單位，率先研究發展出來的，以此可見，全錄在研發上的功力為何，而今全錄在印刷出版業界中的數位印刷的地位，堅若磐石，在市場佔有率，遙遙領先其他的競爭者。雖其前一陣子，市場的股價相當的低迷（掉到了所謂水餃股的價位），但一般卻認為是其管理的問題，而非其產品技術上的問題而導致，如今其股價不但回升，而且也屬相當不錯的股票了。

全錄旗下數位印刷之主要產品，可分為三大系列，DocuColor、DocuPrint 與 DocuTech 等系列，各個系列皆有其目標市場的取向，以下將大致的加以介紹之。

DocuColor 系列為高速彩色數位印刷機系列，在台灣以 DocuColor 2060、DocuColor 6060、與 DocuColor 8000 為主流，而其旗艦產品 iGen3 110 還未現身於台灣的市場當中，另外還有 DocuColor 5252 與 DocuColor 7000。

DocuPrint 系列多用於帳單式的列印，機種包含了 DocuPrint 75、DocuPrint 75M、DocuPrint 90、DocuPrint 92、DocuPrint 100、DocuPrint 115、DocuPrint135、DocuPrint 155、DocuPrint 180、DocuPrint 350、DocuPrint 425、DocuPrint 500、DocuPrint 700、DocuPrint 850、與 DocuPrint 1000 等。

DocuTech 系列為高速黑白數位印刷機系列，這是全錄進入市場的最早機種，也因這機種而奠定了之後成功的基礎，機種包含了 DocuTech 75、DocuTech 90、DocuTech 128、DocuTech 135、DocuTech 155、DocuTech 180、DocuTech 6100、DocuTech 6115、DocuTech 6135、DocuTech 6155、與 DocuTech 6180 等。

iGen3 110 為最新與主打的機種，市場的接受度相當的高，它的彩色、列印速度、尺寸大小、與品質的穩定性，獲得了數位印刷業界的好評，它將於明年（2006年）進軍國內市場，我們就靜待它的到來吧！

第二節、海德堡（Heidelberg）與柯達（Kodak）

海德堡是一家老字號的印刷設備廠商了，也可以說是唯一擁有完整印前、印刷與印後系統的廠商，是個非常完整的印刷軟硬體設備廠商，其在台灣的歷史也有相當久遠了，最近也投入發展數位印刷，在美國業受到相當的注目與關切，並且已經有相當亮麗的表現，主要是黑白系列的Digimaster 9110，其發展對印刷出版業界也算造成了相當的衝擊。

柯達原本與海德堡共同出資開發了NexPress 2100彩色數位印刷機，也算是相當成功的產品，在業界也造成了不小的震撼，尤其對一枝獨秀的Xerox有互別苗頭的意味存在。事實上，Digimaster 9110和NexPress 2100，都是相當具競爭力的產品，在產品本身的質量上，都有很不錯的評價，深獲使用者的愛戴，但後來兩家公司因故分道揚鑣了，這黑白與彩色數位印刷機兩種產品，就各自由單一廠商來推動，實屬可惜。

第三節、惠普（HP-Indigo）與Xeikon

Indigo原本的發展也相當的好，算是早期三種高階數位印刷機之一的代表，也是所有數位印刷機中唯一使用液態碳粉油墨的、印刷色預廣泛且通過 Pantone 的認證、多色印墨槽的設計（最多到七色）、可提供白色油墨、與螢光色和特色油墨與印物的範圍較不受限制等多項優點（楊凈，2005），但其速度因為設計構造的巧思，而相對的比較其他類似產品較慢了一些，後來公司為惠普所併購，目前有兩大系列，一為商業印刷系列，另一為工業印刷系列。

以商業印刷系列的機種有，HP-Indigo 1000、HP-Indigo 1050、HP-Indigo 3000、HP-Indigo 3050、HP-Indigo 5000、與HP-Indigo W3200，而工業印刷系列的機種則有，HP-Indigo S2000、HP-Indigo WS200 與 HP-Indigo WS4050 等。

Xeikon 與 Agfa 基本上是隸屬同一種系統，與 Indigo 為同級產品，但 Agfa 不太著墨此市場而淡出了這領域，而 Xeikon 仍屹立不搖的站立著，而其下的機種有 Xeikon DCP 320D、Xeikon DCP 320DX、Xeikon DCP 320D、Xeikon DCP 500D、Xeikon DCP 500SP、Xeikon 330、Xeikon 500、與旗艦 Xeikon 5000 等。

第四節、奧西（Océ）

Océ 為數位印刷市場佔有率第二名的廠商，國內很少看到這廠牌機種設備的蹤影，因為他進入台灣市場非常的晚，而且是以總代理的角色進入我國的市場，但因為其在國外市場的表現，我們必須投以較多注目的眼神。

其產品機種非常的豐富，提供各種的可能性給客戶來使用，其多功能數位彩色印刷機的機種有 Océ CS125、Océ CS220、Océ CPS800、與 Océ CPS 900，連續表格生產印刷機之機種有 Océ VarioStream 6100、Océ VarioStream 7000、與 Océ VarioStream 9000 等，而單色的數位印刷機種有 Océ 750、Océ 3155、Océ 3165、Océ OP33、Océ OP1030、Océ OP1040、Océ VarioPrint 2045、Océ VarioPrint 2055、Océ VarioPrint 2065、Océ VarioPrint 2060、Océ VarioPrint 2070、Océ VarioPrint 2090、Océ VarioPrint 2100、Océ VarioPrint 2110、Océ VarioPrint 3090、Océ VarioPrint 3110、與 Océ VarioPrint 5000 等。

第五節、IBM 與 Konica-Minolta

我想很多人都不知道 IBM 居然在我們印刷出版業界有如此這般的參與，而且很早就進入了數位印刷的市場了，基本上 IBM 是以帳單列印為其主要市場，機種有單張式數位印刷機，機型有 IBM Infoprint 2090ES 與 Infoprint 2105ES 兩種，連續式滾筒紙張的數位印刷機，機種有 IBM Infoprint 3000、IBM Infoprint 4000 與 IBM Infoprint 4100 等。

Konica-Minolta 也有數位印刷機在市場上活動，這品牌在我們印刷出版業界出現的更晚，只在近期才有其消息，由國內知名的優美公司負責代理的工作，但似乎是相當的積極來推展其產品，其在台灣主要的彩色數位印刷機的機種有 Konica 8050 與 Konica 8022 等兩種。

第七章、數位印刷的市場與未來

在一個商業的環境中，專注於改善組織內的效率以及降低成本，許多公司過度的強調在節省成本的機會，CAP Ventures 在其所做的研究中指出，在我們印刷出版領域中，每花費在印刷中的一塊錢，同時花費了六塊錢在創作、管理、倉儲與盤存、分配發行與廢棄過時的印刷產品（Sherburne, 2004）。因為在新的數位印刷科技的發展之下，彼此之間的界線也越來越模糊了，許多商業型態的印刷公司，也覬覦這數位印刷市場的成長性而躍躍欲試。

傳統的輸出中心，必須謹慎的來面對數位印刷科技這一個巨大的威脅，如果輸出中心事先能對其目標市場與數位印刷綜合的應用，有周詳的了解與設定，與客戶維持良好的互動，且在資料處理、彈性與技術知識上，都必須要有獨樹一格的優勢，千萬不要只注意彩色數位印刷設備上，資本門與經常門上的投資而已，千萬不要讓價格是彼此競爭的唯一因素，我們要專注的是創造出客戶的價值而非價格，且必須真正與充分的了解成本的支出與成功市場的參與（Cullen, 2005; Pellow, 2004）。

有時公司的主管階層，並不能看到一些數位印刷系統所帶來的隱性優點，對數位印刷系統與新的商業模式，總是存有一些保留的態度，一旦他們能夠了解並進入這個市場，不但可以降低成本支出，還可以增進與改善公司內部的效能，更可以降低關鍵處理過程的週轉期，他們的態度應會有一百八十度的變化，以更積極的態度去接觸迎向客戶，並向員工與股東們說出公司的美麗前景（Sherburne, 2004）。

一般美國廠商會花費約六十萬到兩百萬美金，來建置出一套完整的數位印刷系統，且大部分的廠商都希望這系統能在十八到二十四個月回收，最長不超過三十六個月。在台灣的部分，以彩色數位印刷機而言，約可在十二個月到十八個月內回收，如果經營績效好的話，甚至可以在一年之內回本。這投資報酬率（ROI: Return On Investment），都是業界人士非常關心的話題的。有些美國的案例是投資了二十萬三千美元到三十七萬四千美元，其回收率約為百分之二十五或以上，這些都必須決定在投資者，對生產製作流程的了解程度與重視程度而定，系統與檔案格式的相容性等，都扮演著舉足輕重的關係，而且越來越多的問題，是可以藉由專家的建議與系統業者來幫忙解決的，而系統價格的高低，取決於不同應用的型式，以及印刷業者處理檔案與後端裝訂而定，三年是否可以損益平衡，則取決於系統架構與客戶工作型態而定了（Cullen, 2005）。

第一節、數位印刷的市場

在 TrendWatch 1999 年的「2010 年的商業印刷」問卷調查中發現，百分之五十六的印刷公司相信，個人化印刷與客製化印刷，到了 2005 年時，會是未來的主要發展策略之一（Webb, 2000）。果不其然，在 2005 年的今日，的確應驗了六年前的預測。然而根據 Info Trends/CAP Ventures 的研究報告指出，美國在 2008 年時，黑白與特別色印刷的市場將有百分之三的下降，但這區區的百分之三的下降，就相當接近於八十億美金，這損失非僅是帳單類印刷的損失，這當中還也包含了其他與資料處理相關的印刷品，如 DM、資料庫為主的技術性文件、與保單等等（Cullen, 2005）。

在美國 PIA 旗下的 Digital Printing Council，在其 2002 年出版的《Designing for Digital》中，明白指出未來在印刷市場上，對單一顏色或彩色等印刷品需求上的預測（如表一）。我們可從表一中，明確的認知從過去以黑白為主的印刷，到未來大部分是彩色印刷為主，而彩色印刷的市場將超過百分之七十五以上，他們又分析表示，這是因為數位印刷大幅降低單位成本之故。

Year	Black/White	One-Color	2-Color	4-Color	5 + Color
1990	51%	2%	12%	33%	2%
2000	44%	1%	7%	41%	7%
2010	29%	1%	7%	51%	12%
2020	20%	0%	5%	61%	15%

表一：從 1990 年到 2020 年對印刷商品色彩多寡之分析

另外在 Tolliver-Nigro（2005a）的研究指出，百分之十五的印刷公司，預計在未來一年內採購數位印刷機，百分之三十九的印刷公司與百分之四十二的設計公司說，他們的印刷量有一些與很大的成長，百分之二十六的數位印刷業者認為，短版的量也可以用彩色影印機來取代之，且算是一種新的契機，另外百分之二十二的目錄出版社指出 VDP 的案例，是他們最具機會的商業行為。我們印刷出版業界，已經等了超過十年的光陰，彩色數位印刷對商業印刷而言，終於可被主流市場接受，雖然還有些限制，且教育客戶與大眾仍然要持續進行著，但對業界而言，是翻身的時候了。

Interquest 在最近的 VDP 之研究中發現，印刷買家預期他們的採購，將在未來的四到五年內，大量的轉移到全彩的數位印刷，印刷買家說屆時在平版黑白印刷將會有百分之八的下降，數位黑白印刷也會有百分之四的成長，平版彩色印刷也會有百分之十二的成長，最為重要的是彩色數位印刷將會有百分之四十五的大幅成長。Interquest 更預估約百分之四十五的帳單文件報告書，是以預印的紙張在印製出資料來呈現的，帳單印刷的是高密度的資料密集的生產工作，可算是 VDP 中資料變化最大的應用，而原先進入帳單印刷的數位印刷系統，也是以黑白印刷為主，而彩色數位印刷，在最近才漸漸開始運用在帳單上的印刷，以便取代原有的彩色預印的帳單、加強個人帳戶的資訊與可以促銷其他附加的產品與服務（Davis, 2004a）。

在 2003 年北美的全彩 VDP 印刷的資料顯示，個人化印刷類別的資訊，列印了五億四千九百萬印刷次數，客製化印刷類別列印了三億六千六百萬印刷次數，全客製化印刷則印製了二億四千九百萬次，而帳單印刷也有一億五千萬次（Davis, 2004a）。不論是印刷的哪一種領域，從以上的種種預測性的資料，都明白的顯示出了，一般大眾對彩色印刷的平面媒體已經有了喜愛與偏好，因此彩色印刷的市場，在未來絕對佔有相當重要的地位，印刷出版業界的同行們，也應該向那樣市場傾斜與位移才是。

另一項事情卻是對出版業界有喜憂參半的驚奇，去年在美國的出版界書籍有百分之三十七的退回率，而全球最大的商業印刷公司 Quebecor World，對上述的警訊提出了合理的解釋，那就是短版印刷，完全的隨需印刷與少量多樣多次的印刷，已全部由數位印刷來解決了出版業界的問題（Miley, 2003b）。

舉一個在美國應用數位印刷的例子，位於加州的 Impact Marketing 印刷公司，在 2002 年採用 Web 的方式，直接行銷管理印刷印件下單系統，要求客戶傳輸 PDF 檔案，採用 Xerox 公司的 DocuColor 12、DocuColor 2045、DocuColor 2060、及 DocuColor 2060 等數位印刷機，二十四小時內即可完成交貨，這在美國算是相當高的效率了。使用如此完整的數位印刷系統，快速週轉祇是其中一項利器而已，自從公司在 1993 年成立以來，如此的數位印刷模式，造成了每年皆有兩位百分比數字的成長，這種個人化行銷的印刷品，是成功的結合了數位印刷和網路的優點，幫助了連鎖公司得到了競爭優勢，也就是說這印刷公司，幫助並解決客戶他們的問題，才能擁有如此成功的經驗。彩色數位印刷更增加了公司成功的機會，以至於他們可以追求修正與變更他們公司的商業交易方式與模式（Hitchcock, 2003）。

他們的成功，就是藉由數位印刷的技術，找到其市場的 Niche，增加其印刷商品本身的附加價值，也同時增加了數位印刷對本身與對客戶的價值，進而造成數位印刷業者本身、數位印刷商品的採購客戶以及印刷商品採購的終端使用者三贏的局面。

然而在我們台灣，有著全世界其他地方所沒有的敵手，而且是對數位印刷而言，是一位相當可敬的對手，那就是所謂的合版印刷。雖然 Impact Marketing 印刷公司也有著類似的經營模式，但台灣的合版印刷是用傳統平版印刷，而非數位印刷。誠如先前所討論的數位印刷，其中之一的效益就在少量多變的特性，而且其價格相對的較為經濟，但對起源於台中地區的合版印刷，數位印刷在這方面的優勢，發揮不了太大的功效，因為合版印刷強調的是，短版（少量）、快速、與價格便宜（若為合版印刷公司的會員，則有更多的優惠），從個人彩色名片、DM、與海報等等，皆可以透過合版印刷的機制，達到上述的效果，數位印刷與合版印刷在品質上都不會特別強調，就是因為其品質實在與平版印刷機印出來的品質，有一段差距，雖然合版也是採用平版印刷機印製，但客戶的印刷檔案來自四面八方，很難去做色彩方面的管控，所以通常會要求客戶在正負百分之十的色彩誤差下，接受合版印刷的品質，且合版印刷結合了網路的優點，可以直接在網路上透過 FTP 的方式，將檔案上傳合版印刷廠進行印刷，之後可以利用合版印刷的服務，直接將印刷商品直接宅配到府，此種服務，不可謂之不好，如此這般貼心的服務，競爭力自然相當的高。

這種來自合版印刷的競爭，數位印刷必須要調整腳步，往合版印刷所不能發揮的先天限制，即不太方便只印非常少的份量，或是要印刷書籍等的印件，例如 VDP 的發揮，與印刷數量可以少到一張或一本的訂單為主，在出版或要集結成冊的書籍應用為主。但相對的若要印刷大尺寸的海報（大於 A3），合版印刷則較可以發揮其彈性的價值，數位印刷卻受限於最大印刷尺寸，也算是侷限了數位印刷的發展。

另外出版商若是能想的長遠一些，不只以台灣為唯一的市場，定居於全世界的華人都是潛在的客戶，以往書籍或報章雜誌，若是要以國外的華人為對象，除了運費較高之外（因為報章雜誌的重量較重），最重要的是時效性的問題。事實上，在海外的華人，人口遠比國內的人口還要多。筆者也曾在海外求學，雖在異地，但心繫國內， 對國內資訊的渴望，尤勝以往身處國內時。

若能真正思考國外華人的市場，甚至想到對岸的市場，因為對岸大陸十三億人口的市場，全世界都寄望著這是個無窮無盡的廣大市場，但大陸的國營出版社，對國內出版業界可能的發揮較有一點限制，對印刷業界而言也只可能參與包裝印刷，在求生存與發展為前提的現實環境之下，國內很多印刷出版業界的先進們，如同國內其他產業，也不得不選擇了前進到對岸，這樣的抉擇希望是對國內的印刷出版業界有幫助，我們謹獻上無限的祝福。

第二節、數位印刷的未來

數位彩色印刷設備製造商，已經建立了非常有價值的論點與主張，在持續降低的單位成本，與越來越可以負擔的低階數位彩色印刷設備之下，輸出服務中心擁有了彩色數位印刷設備，必須不斷的推出新的產品，開始提供了高附加價值的服務與支援，包含了更容易藉由網路的存取、簡易與友善的工具與介面、且提供數位資產內容管理服務與變動資料的解決方案（Pellow, 2004）。許許多多的印刷出版單位，最好要認同自己為全數位處理與操作的傳播行銷公司，而非一個單純的印刷出版公司，因為我們可以提供的是行銷專業知識，去幫助客戶發現與擴展機會，與有效率的應用在客戶的產業上，我們這種公司除了有堅強的IT 背景資源與人員，是可以提供設計與寄送等服務的（Clinkunbroomer, 2005; Smith, 2005）。

一味只針對產品產能的增加，並不見得會帶給公司的成長，必須有效益與有效率的提昇公司產品，因為數位印刷科技已經成熟了，大量使用傳統方式來生產平面傳播產品的方式，已經受到挑戰了。任何的公司組織，持續要求對其商業的營運，與員工的生產力加以最佳化，而這關鍵性的議題，則必須好好的檢視其商業營運的處理過程與程序，而文件的處理在整體的執行中，就扮演了相當重要的角色，CAP Ventures 在 1997 年的「Print Opportunities Among Large Corporate Customers」的研究中發現到一個不太令人舒服，或是令人頗難為情的事情是，百分之十五到二十五的印刷採購品中，不是從未使用就丟棄，就是雖然已經過時了，卻還是勉強使用（Sherburne, 2004）。

PIA 對印刷廠商的調查資料顯示，數位印刷是比傳統印刷的交易與生意，百分之七十較為有利潤。Interquest 的調查更確認了讓廣告商能了解 VDP 的應用應有較佳的利潤，GAMIS（Graphic Arts Marketing Information Service）從六十個全新的 VDP 的專案的研究當中，絕對有較高的回收率，且降低每個回收的成本與增加銷售的收益，雖然全新的 VDP 的成本是原來預先印製好的文件成品的兩倍，但是（一）平均的回收率高於傳統的方式百分之二十一；（二）每個回收成本較傳統低百分之五十四；（三）平均銷售增加了百分之九十三（Smith, 2005）。

數位印刷並非完全的萬能而沒有缺點，常為業界詬病的缺點，如品質似乎未能為達平版印刷的水準、生產的量能依然不足、印刷的尺寸仍嫌不夠大、與印刷成品每頁的一致性仍嫌不理想，雖機器設備的軟硬體是相對的比以前經濟許多，但單張的印刷成品的成本仍然偏高，雖然成本一直在向下修正，但業界希望能更加的便宜，而這種要求應該是永遠不會終止的。

市場觀察家注意到有一個漸漸興起的議題，那就是要有一個可靠的與一致的全自動線上裝訂系統的要求，在數位印刷出版系統，應要重新定義其整體作業流程，後端的裝訂設備，應該被視為完整的流程當中的一環的，且應該是相當容易的的被建置入各中不同的系統中，而 XML 在系統內扮演重要的角色，就誠如 CIP3/CIP4 在完整的印刷系統中的角色一般。在健全的整合系統中，其使用操作的簡易性，就有如數位印刷成本上的向下修正一樣的重要，Xerox 的 Manual & Book Factory 和 Freeflow 系統的結合，則是典型的工作生產流程系統（Ford, 2005）。

說了這麼多有關數位印刷的事情，有件很有趣的事情，很多非印刷出版專業領域的人士，大大方方的進入了應用數位印刷技術領域的市場，也許他們找到如何應用數位印刷設備，可以加強或輔助他們原本的行業或領域，也或許因為數位印刷的進入障礙不高，所以就可以有投入與成功的機會。另外也許是印刷出版的專業人士，未能嗅覺出其他領域的應用或商機，或許只願固守舊有的城池，或者仍然沒有跳脫舊有的思維，只能想到侷限的市場，而不願意去冒險嚐試新的領域而已，但也有部分的印刷專業人士，早已經進入此數位印刷可以應用的市場，而且運用其專業的知識與技能，而大大的邁步向前進，因此我們的市場已經向外擴大了，從單純的印刷出版進入到新的市場，廣度與縱面皆加深了，未來的數位印刷，的確還有其發展空間。

現今的社會，不論是印刷出版業界或是其他領域的業界，要真正的能獨善其身，恐怕是不切實際的鎖國主義者，在同業與異業之間的競爭與合作，也漸漸成為不可或缺的方向，因為數位印刷不僅要有印刷的專業技術與知識、本身的競爭力、印刷商品的品質、生產的效率、生產經濟實惠的印刷商品、與增加印刷商品的價值外，也必須要有其他領域的專業智能，例如運用資料庫的能力等，更甚必須要進行異業的結合，與上中下游的垂直的整合，才能將數位印刷的真正功效與優點發揮出來。垂直整合（異業結合）與水平整合（同業整合）之間的必然性，也慢慢成為氣候，走往這個大方向，似乎是趨勢，且不朝此方向邁進恐不能成功，但走進這方向，卻又不能保證會成功，畢竟未來的事情，沒有任何人能夠充分的把握與掌握，這條路，只能向前走，沒有退路。

數位出版因電腦科技結合了網路的應用，已經深深的衝擊全世界許久了，當然印刷出版業也是當中之一。數位出版對印刷出版業界有著無限的想像空間，這也許並不是正面的，但也不盡然是負面的，因為數位出版也已經邁入這市場很久了，它所帶來的商機，有人抱持著樂觀的看法，也有人持較為保留的態度。很多傳統上在紙張上才可以看得到的資訊，已經在電腦螢幕、手機、PDA、電子書、與電子紙等不同的顯示媒介上看到了，這些新的媒介，都不是呈現在紙張上面，但確實是可以看到資訊的載體。

如果數位出版形成一定的氣候，出版界也許有另一片天空，雖然已經面臨極大的挑戰，但未嘗不是一種新的契機，而我們所認知的印刷出版業界這對難兄難弟，將有可能因為這一場變革，有著分家的可能，印刷業界與造紙業界，應該要有相當的覺悟，否則會在不知不覺當中，被這股無法阻擋的洪流所犧牲掉，而悔恨當初的不自覺與無知，因為所有的資訊，已經不見得非一定要放置在可以被印的材料上面，亦即所謂的紙張上面，任何能承載資訊的載體或是載具，都可以取代紙張，這絕不是危言聳聽，但業界也不必過分驚慌，因為要改變人的閱讀習慣也是一件相當不容易的大工程，但這腳步的確會慢慢的向我們襲擊而來，我們必須有著「勿恃敵之不來，恃吾有以待之」的心態來面對此一挑戰，印刷出版業界的關係，有可能會因此一役，而開始脫鉤。將來會是如何，這個殺戮戰場會是什麼樣的競爭，還是未定之天，但基本上可以確定的是，英雄豪傑皆對這塊大餅有著憧憬，個個有興趣，但人人沒把握，但一定會提供所有可能滿足一般大眾，所可想像得到的軟硬體服務。

美國印刷教育龍頭 Rochester Institute of Technology（RIT），針對四十個數位印刷科技的使用者，做了調查而建立與發展出了一個成功的商業模式，以印刷業界的目標市場、數位印刷綜合的應用與市場投資的區隔，分為四個層級來論述（Pellow, 2004）：

層級一：快速有效的彩色印刷要求

有能力印製出便宜且快速傳送的印件與彩色的文件，

但這些主要的客戶來源是一般未經預約的客戶，這些快速印刷之輸出印刷服務中心，大約是能印製出每分鐘十二到六十頁的能力，也有簡單的裝訂能力提供給客戶。大型企業內部的印刷房所專注的是數位彩色影印設備，以品質、價格與方便性為原則，與其他的可以提供相同服務的單位，並不會有競爭性，因為各有各的市場走向，而且公司企業內部的印刷房，對 VDP 的應用上，較為缺乏經驗，並且與原先設定的目標有差距。

層級二：短版印刷要求與觀看查詢印刷供應鏈

傳統商業印刷廠所專注數位印刷的優勢，在於短版、快速的週轉與隨需印刷的要求而設定，也就是說是一種以數位印刷來提供虛擬平版印刷的服務，最多以列印出 A3 大小的五百張左右的服務為主要市場，只要在這個印刷範圍之內的任何印刷，都是可以提供的服務，並且都是可以完成的，而且客戶可以透過網路，直接來查詢訂單的製作流程與階段生產的狀況，進一步獲取交貨的資訊。

層級三：網路印刷要求的服務

這種層次的服務方式，可以視為網路印刷行銷的工具，以便讓企業去建立高價值與客製化行銷，更可以降低成本與提升公司品牌形象。這更可以幫助公司的銷售單位，有著更具彈性的行銷與促銷的變通能力，而這種系統的主要組成部分可以包含：預先設計好的行銷附帶樣式、預先同意的影像與文字檔案、網路的發展與主控、自由打字區、聯絡地址簿、線上連線文件打樣與認可、傳送 PDF 檔案與 PDF 的列印、與內容管理工具等，重要的是以上所整理出來的重點，是實際上在業界當中可行且已經執行完善的模型的。在這些廠商的經驗當中，他們在花費每兩美元在技術基礎上的時候，也同時花費了一美元在彩色數位科技上，也就是說 IT 扮演舉足輕重與成功與否的關鍵角色，而員工對資訊科技的了解是有其必要的，且這份調查顯示有百分之十的員工有資訊科技的背景。

層級四：完整客製化傳播

印刷輸出服務中心，若有完整的客戶關係管理系統（CRM: Customer Relationship Management），他們就應該有能力去建立可變資料、影像、圖形並結合資料，以符合每一個不同客戶的不同印件的要求，而不是一種檔案或一種文件大小來搪塞客戶，誠如鹽湖城的 Raster Digital Marketing 公司，專注於汽車工業而有了絕大的成功經驗，由於有效的資料庫應用，將高獲利的潛在客戶獨立出來，一位一位來聯絡，並建立了完整客製且個人化的資訊，專門服務於每一個客戶，這種一對一的行銷方式，似乎也只有數位印刷科技，才能有此能力來完成此項艱鉅的工作。

除此之外，Pellow（2004）又特別指出來，數位印刷科技的參與者還必須要認真的考量幾個主要的課題：

一、目標市場與數位印刷綜合的應用，必須要清晰的被公司加以明確的定義之，如此才可以去滿足公司對投資與進入此市場的角色。

二、上述這四種不同的層級，各有其不同的價值取向，第一個層級專注於傳遞的方便性、快速的週轉、與有品質的色彩；第二層級則強調附帶生產的成本處理；第三層級則是以網路線上印刷與高度個人化的服務為主軸；第四層級則強調客製化行銷的服務，所帶來的投資報酬。

三、高業績的成長，可以連結到擴張不同層次的服務，整合資料庫之供應鏈管理、網路面對客戶的應用、與文件的客製化，這些需要基礎架構的建置，與有適當的IT 人員，另外也必須要有一些提供應用服務的解決方案，去促進與執行整合的工作。

第三節、總結

誠如我們所知的，我們整個印刷出版產業，事實上早已經進入了資訊與數位化的時代了（ “Digital Roadmap,” 2000)。印刷術的發展在社會的功能上，有著非常顯著與重要的角色，因為在資訊知識、概念、想法、理念與理論等等的傳播上，扮演了極為關鍵的角色（Pacey, 1996），但一般大眾卻不甚了解且遠遠低估了印刷術，對知識的產生與對文明的發展所應佔有的貢獻與地位（Levenson, 2000）。

肇因於電腦化與自動化，懂得大量使用和應用數位新型設備，與學習到其處理方式與流程的的創新之下，使得印刷出版業界保持常青與成功（Vision 21, 2000），當新的數位科技被使用得當，它不但可以增加生產的效能與更符合客戶的需求，使印刷出版業界能得以生存，也使印刷出版業界對其客戶，更能注重與提供所謂的服務，然而新的科技並不能保障印刷出版業界長期的競爭能力、確保客戶的忠誠度、開發新的市場、讓客戶刮目相看、讓印刷公司永遠保有固定良好、與合理的利潤（Roth, 2000）。舉個例子，印刷採購者（Printer buyer）下的印刷訂單，基本上他們根本不在乎印刷公司，是使用什麼新的科技或新的機器設備，他們只在乎他們所需的印刷商品，是否能有高品質與低價位，進而是否能如期的完成印刷商品而已，畢竟他們所付出的代價，並不是購買新科技與新技術的金額，而是新科技與新技術所能生產的產品（Paparozzi, 2000）。即便如此，印刷公司仍然必須冒此風險，不斷的引進與採購新的軟硬體設備，以加強競爭力，因為要服務並滿足客戶的需求，基本上這根本是一條不歸路。

印刷似乎有個宿命，基本上印刷產業較屬於代工型的業界，出版業界則較享有積極主動的文化事業，這種先天的定位，在以前似乎是無奈的，新的數位印刷出版科技，與管理的理念與做法的引進與實踐，事實上對印刷出版產業應該有著不同的契機才是，印刷業界是可以做一些有別以往的事情，除了文化印刷相關領域的生意，還可以參與工業印刷等較為特殊的印刷相關領域，這是個潛藏很大商機的領域。另外我們也可以參考國外成功的案例，運用數位印刷的科技，加強並發揮 VDP 的功能和效能，主動出擊，幫助客戶解決他們的難題，例如增加客戶的銷售量與降低成本的支出等等，千萬不要只是守株待兔般的死守著古老快要生鏽的陣地，井底之蛙是沒有機會的，井外的天空才是無限的寬廣的。

數位印刷的發展至今，廣義而言，已經超過二十載，數位印刷設備的發明、創新、與應用，以及本書的說明與闡述，並不意味著數位印刷，絕對是未來市場的主流及明日之星，而這些只是說明了一項新的技術設備的發展，對我們在思考如何因應與對社會可以有什麼貢獻，印刷出版業界的從業先進前輩們，應該如何的思考，如何加以利用並應用於實際的生產製作與服務上面。事實上印刷業應揚棄我們是生產製造業的角色，印刷業界可以不再是單純的印刷業，應該走向全方位的服務性型態的產業，即所謂的 Solution Provider and Service Provider 的角色，印刷業是可以轉型的，可從勞工生產的角度，和到以技術服務與客戶服務為導向的角度來看待自己的，員工也可以從所謂的藍領階級成為白領服務人員，提昇印刷業界在社會上的形象，創建出一個新的領域與商機，扭轉一般人對印刷業界的印象，擴大印刷可以服務的應用層面。

而這些在國外也已經有了許許多多成功的個案，要轉型的先進前輩們，千萬不要只以單純狹隘的眼光來看待自己的印刷產業，要多多學習並涉獵其他領域，常常思考與異業進行整合，路才會無限的寬廣，畢竟路要自己走出來，不是盲從，更不是瞎忙的做一些意義不大或事倍功半的事，當然我們也可以考慮國內以外的市場去發展，例如華人較多的地區，我們切入的機會可能較大些。

除了傳統生產製造印刷相關的產品與商品之外，也應該思考我們生產的印刷商品等，可以如何的幫助我們的客戶，達到他們製造印刷商品的真正目的，最好是替客戶解決他們的問題，與客戶共同合作，一起達成他們的目標，也同時達成了我們的目標，除了我們業界本身水平的整合之外，與客戶等達成上下的垂直整合，共存共榮，或許這是可以真正可長可久的生存策略。

誠如加州州立大學洛杉磯分校（California State University, Los Angeles）李凌霄正教授在 2004 年台灣印刷人協會的演講當中所說的，印刷的潛在的市場猶如冰山一角，身為印刷人的前輩與先進應該思考一下，那潛藏在水面下的廣大的印刷市場當中，如何搶攻與佔有一席之地，若是可跳開只以印刷的角度來看市場，印刷可以應用的範圍則相當可觀，只要找對市場加以發揮，前景將無可限量與值得我們期待的。

第八章、外一章——學生對數位印刷之教學機制的看法

在數位印刷機制應用於教學的模型當中，其中有很多重要的組成份子（誠如第四章的第三節中所論述的），這些角色中，學生扮演了相當重要的位置，畢竟學生是在整體教學當中，是知識學習的對象，他們已繳交學費的方式來進行學習，就有如同客戶一樣，他們的看法是需要被了解、尊重、與引導的，如果學生能配合的話，此數位印刷機制則可以事半功倍，接下來的這一章，是以簡單的研究方法來探討之。

第一節、研究動機與目的

我們常常聽到所謂的供需平衡，有需求才有供給，價與量的平衡與供需是一體的兩面，一個新的制度或一個新的產品與服務等，都必須做市場調查，來探討其市場成功的可能性，簡言之，就是要了解客戶的需求，就有如民眾去逛百貨公司，是真正要去血拼或只是所謂的 Window Shopping，我們都要嘗試去了解之。我們知道倘若要是數位印刷機制有成功的可能，進一步的了解機制中組成份子的想法，是有其必要的，學生是我們最先看中的角色，我

們必須先讓學生了解到，什麼是所謂的數位印刷與其機制的所建置的模型。他們的想法與可能的作為是什麼，這是我們所必須要了解明白的，若是學生在學習的過程中，學生對教科書等書面資訊與資料，有需求或是強烈的需求時，教師們與出版商社，應該有必要針對學生們的要求來反應，並滿足學生對學習的需求，來增進學生學習的品質。而數位印刷的優勢，是可以解決部分教學上的困境與瓶頸的，以較為經濟的方式來增加教學的效益。

數位印刷機制應用於大學教育的模型上，最重要的教師與學生是成敗的關鍵人物，事實上仔細思量後，此模型亦當然可以應用到現今的九年一貫的中小學的教育，在新的教改之一綱多本的制度中，學校的教務與教師有非常多教科書的選擇，甚至在九十四學年度，國立編譯館也要編著所謂部訂版本的教科書，因此在教科書的選擇使用上，更是進入了戰國時代，而一個專業課程中，一整本教科書的編輯內容，是否能完全的符合教師們的要求，或是能否面對未來進入高中的學測考試等，都是非常嚴肅與嚴重的課題。但是如果能將數位印刷機制的基本概念加注在裡面，則可以有不同的做法，也就是說，將可能沒有專一的書商或是出版社，可以壟斷某一專門的課程，也許可降低一些不理想的檯面下的作業，但對書商或是出版社的印刷製作流程，則有一定的改變，課程的內容，可能可以以某一課的章節來印製，而非整本課本來印製，但因為中小學教科書的數量非同小可，在實際的應用上，是不適宜運用在數位印刷的機制上的，仍然需要回歸於傳統大量的印刷製作流程，但教科書的內容將不再是以整本為考量，而可以是以每一個單元來作選擇的考量，也就是說有更多更複雜的選擇，但無論如何，都是以學生的學習與教師的教學為最終的考量，在此機制之下，教科書的份量與重量應可以減低，且教科書的費用也應該可以降低才對，達到教學與學習的品質上升，而書商或出版商，也並未因此機制的介入而有太多的干擾，但不可否認的是，競爭可能會加劇。

在數位印刷機制尚未建立之前，我們最好要了解大學生，是否對此機制有認知與其對此機制的態度為何，事實上數位印刷的機制在推動的前夕，都是不容易的，除了學生要了解甚至諒解為何要作如此的轉變，變革是不太容易的事情，有如寧靜革命，尤其是現在的學生，自動自發似乎是不太可能的，引導式的教導是有其必要的。

第二節、研究問題

基本上我們希望藉由問卷的方式，對學生進行數位印刷機制的教學模型的看法，以便進一步的知道要如何推動數位印刷機制用於教學上面，而且想進一步的了解，印刷相關科系的學生與非相關科系的學生，在此看法上是否有顯著的差異性，且不同年級的學生中的差異又有何不同。

問題一：

數位印刷用於教學機制中，大學生對此機制的了解程度與他們對此機制的看法以及其可能性為何？

第三節、研究假設

數位印刷應用於教學機制中，基於上述的研究動機與目的，提出以下兩個研究假設。

假設一：

Ho: 圖文傳播相關學系學生與非圖文傳播相關學系學生，對數位印刷應用於教學機制的看法沒有顯著差異。

Ha: 圖文傳播相關學系學生與非圖文傳播相關學系學生，對數位印刷應用於教學機制的看法有顯著差異。

假設二：

Ho: 大學各年級的學生，對數位印刷用於教學機制的看法沒有顯著差異。

Ha: 大學各年級的學生，對數位印刷用於教學機制的看法至少有一對有顯著差異。

第四節、研究對象與限制

筆者因身在大學校園內任教，佔了地利之便，可以就近的直接以校內的大學生為主要調查的對象，此問卷將僅以世新大學的新聞傳播學院中的兩個系的學生，為問卷的回答者，也就是採用了「方便性的抽樣」，而且以筆者授課的班級為原則，直接以問卷來詢問他們對此議題－數位印刷模型應用在教學上的機制之看法。

當然這種抽樣的技巧是相當的方便，我們只針對一所大學的學生，來做問卷的研究調查，因為學生們全部隸屬於新聞傳播學院的學生，是會比較容易溝通的，在進行問卷的調查時，其學生間的同質性較高，其廣泛性不夠的問題，並不在本研究考量的範圍之內。

第五節、研究問卷

問卷的內容主要是以大學生們對此數位印刷機制的了解程度，進一步的了解他們對此機制的看法與想法，問卷以 Likert-scale 五等分之重要性為原則，所以在 Pilot test 時，是先以圖文傳播暨數位出版學系的大三以上的學生為主（兩個班級約八十人左右），因為他們已經有印刷的概念，且部分學生已有修習數位印刷或相關的課程，因此對數位印刷機制較有更多的了解與認識，對問卷的回答也比較有其正面與實際的幫助，也有助於修改問卷所可能發生的詞句不明瞭的情形。

問卷的基本設計是以數位印刷模型在大學教學機制中，學生對此機制的反應為主，除了問卷一開始的簡單介紹數位印刷模型在大學教學機制外，也必須了解學生的基本資料背景，例如年級、系別、以及性別等資料，以便在回收資料的分析並做進一步的討論。數位印刷模型在大學教學中扮演角色之問卷調查完整的問卷，請參考附錄一。

第六節、研究結果

在整體參與問卷調查的學生中，共有兩百五十四份是有效問卷，因此研究的成果就以這些大學學生的回答為基礎，基本上這些大學生都是新聞傳播相關學系的學生，學生的分布大致上也算廣泛，大學一年級、二年級、三年級、與四年級皆有，與印刷科系相關的學生，佔較大的比例。這當中大一學生有一百一十五人，大二學生六十四人，大三學生三十七人，大四學生三十八人；男學生總共有一百一十七人，女學生總共有一百三十七人；傳播管理學系共一百一十五人，圖文傳播暨數位出版學系共一百三十九人。

這些描述型與之後的統計分析的資料，是使用 SPSS 10.0 為統計分析的軟體，而學生對這二十二題的回答，也將討論其平均數與標準差等資料。我們進一步的以 T-檢定來比較圖文傳播學系（印刷相關學系）與非圖文傳播學系

（非印刷相關學系）的學生，這兩組學生的對此數位印刷機制的回答是否有顯著不同的看法，另外大學四個年級學生之間的看法有何差異。

第七節、研究分析與討論

學生在問卷內所回答的二十二個問題，我們將一題接著一題的來分析，這每一個題目得到的答案所代表的意義是什麼，另外我們也透過統計分析的 T-檢定，來了解圖文傳播學系之學生與非圖文傳播學系學生間，對數位印刷用於教學機制看法有否差異與不同；透過 ANOVA 檢定，來了解大學生各年級之間，對數位印刷用於教學機制看法有否差異與不同。

一、研究問題一

整體（兩百五十四位）學生參與問卷之作答，問卷內容回答的匯整之基本統計資料，將呈現於附錄二。

問題一：在課程的學習上，您會希望老師選擇使用教科書來授課

參與人數（N）	最低選項（Min）	最高選項（Max）	平均值（Mean）	標準差（SD）
254	1	5	3.19	0.89

誠如我們從小到大，在學校學習的期間，基本上是已

經習慣了老師以教科書為藍本，來傳授課程的知識，尤其是小學、國中與高中期間，更是如此，專科大學時代或許不盡然會有教科書，有時候會希望有教科書，有時候又不太喜歡，似乎端視於老師的教學方式，早期的教學方式可能比較單調，只有單方向與單方面的教學，師生的互動較少，因此在教學上是非常依賴教科書，現在因為教學可以使用的工具有了多樣的選擇，僅用教科書為單一的工具的情況，相對的比較少了。

學生對教科書在學習的使用上的反應為 3.19，僅表示希望使用教科書的學生約略高過一半，也就表示還是有一些學生對教科書的感覺，還是有一些距離的。

問題二：您認為教科書在課程的學習上，是扮演著很重要的角色

參與人數（N）	最低選項（Min）	最高選項（Max）	平均值（Mean）	標準差（SD）
254	1	5	3.23	0.78

雖然有超過一半的學生認為教科書扮演了重要的角色，但其程度上似乎並沒有十分的認同，也只不過是 3.23 而已，也表示同學們對教科書抱持了保留態度。

問題三：在課程學習上，您認為老師選擇一本教科書，就能滿足您的學習目標

參與人數（N）	最低選項（Min）	最高選項（Max）	平均值（Mean）	標準差（SD）
254	1	5	2.48	0.88

大部分的學生的確認為一本教科書，並不能滿足學習上的需求的，可能因為一本教科書的內容是十分有限，廣度與深度恐都不足來完全涵蓋課程應該教授的內容，而且教科書內容的新舊，可能也為學生所詬病。

問題四：在不需考量經濟上的負擔下，您認為在課程學習上，需要多本的教科書才能滿足您的學習目標

參與人數（N）	最低選項（Min）	最高選項（Max）	平均值（Mean）	標準差（SD）
254	1	5	3.37	0.97

一如題目所問的，學生基本上認為為了滿足學習，多本教科書是被認為有需求的，可是多本教科書是需要花錢去採購的，但若是不以經濟因素為考量的狀況之下，這樣的回答似乎對教學上，多少有其正面的意義，但學生的回答，也並不能真正的說服我們，畢竟平均值也只有 3.37。

問題五：若在僅使用一本教科書的情形下，您認為老師應該將教科書之內容全部教授完畢，以便來滿足課程學習的目標

參與人數（N）	最低選項（Min）	最高選項（Max）	平均值（Mean）	標準差（SD）
254	1	5	2.84	0.92

根據過去的經驗，常常在教科書的教學上，老師長因為教科書內容過多或內容較為困難等因素，導致無法在學期的課堂上內，教授完教科書的所有內容，學生的反應似乎並不會太在意，內容是否全部教授完畢，並不會真正直接影響學習，由同學對此題的反應當中，就算教科書內容全部教授完畢，學習的目標也不能完全達成，由此反應來看，教學來是應該要有豐富與新穎的內容為佳。

問題六：若在僅使用一本教科書的情形下，但若老師未能將教科書的內容全部教授完畢，您多少會認為有些浪費所支出的教科書費用

參與人數（N）	最低選項（Min）	最高選項（Max）	平均值（Mean）	標準差（SD）
254	1	5	3.62	0.9

同樣的議題，但若加上了經濟上的觀點來看待，教科書在課堂上是否能完全的被教授完畢，學生的看法就頗為

有趣，學生對金錢的消費觀念上，變得很理性，金錢要花在刀口上，不可任意的浪費，也就是說似乎同學認為，若是沒有將教科書的內容教授完畢，多少是會有些浪費的感覺。

問題七：在僅使用一本教科書的情形下，您多少會認為教科書在內容與資訊上，有些許跟不上時代的需求與不夠新穎或是不夠廣泛

參與人數（N）	最低選項（Min）	最高選項（Max）	平均值（Mean）	標準差（SD）
254	1	5	3.84	0.76

學生們對這個問題有較一致的看法，認為教科書的內容，是有些跟不太上時代進步的腳步，且廣度也稍有不理想的情況。事實上，這也許就是教科書的宿命，教科書的作者大概都了解，要完成一本教科書所需花費的時間並不短，時間與精力的付出並不小，可能需要數年的時間，但若花費這麼長的時間，我們不得不懷疑教科書內容是否夠新穎與廣泛，畢竟科技與資訊的變化與進步實在是太快了，學生對新知的渴求，的確是大學教師與教科書作者需要注意到的，但這要求確是十分欣慰的，表示同學們對學習有正面的回應的。

問題八：在僅使用一本教科書的情形下，您會認為老師有必要撰寫講義來輔助學習，以彌補教科書上的不足，來滿足課程學習的目標

參與人數	最低選項	最高選項	平均值	標準差
253	1	5	4.04	0.68

教科書的內容多多少少會有些不足，尤其只使用一本教科書，因此同學們深切的認為，教師有必要來撰寫講義來輔助學習，其平均值更超過了 4.0，為了加強並滿足學生學習的效果，我們對此結果深表欣慰，似乎反應了學生對課程上的學習，有了較積極正面的學習動機。

問題九：您認為除了在開學前所繳交的學雜費用外，課堂上的與實習課的學習上，同學們需支付外加的費用（如講義與實習耗材等費用），這種使用者付費的觀念是可以接受的

參與人數（N）	最低選項（Min）	最高選項（Max）	平均值（Mean）	標準差（SD）
254	1	5	2.89	1.09

由此問題的回答，我們還是可以清楚的了解到，同學們對與經濟財務上有關係的事項，有較為保守的看法，或許說是對使用者付費的機制與觀念還不是能夠接受。若是

對學習上有需求與要求，而必須支出較多的費用時，超過一半以上的同學則持較不同意的意見，這部分與筆者在國外求學的經驗中，美國學生在此議題上的態度，有著不甚相同的看法。

問題十：您認為老師在教學上，使用老師自己所撰寫的講義等，應視為老師的智慧財產權

參與人數（N）	最低選項（Min）	最高選項（Max）	平均值（Mean）	標準差（SD）
254	1	5	3.88	0.69

我們常常說國內對智慧財產教育著墨的不多，導致學生們會對一些具有智慧財產的軟硬體，不夠尊重的加以複製，同學們的行為，並不表示他們不知曉此行徑是違反法律的，而可能還是牽涉到費用與金錢上的問題，從這問題的答案來推想，他們是可以認同老師自己所撰寫的講義與資訊，是可以視為老師的智慧財產權，但不一定表示說他們對此有一定的尊重，而不會進行盜拷複製，也或許這是對老師的基本尊重與不得不的回答，畢竟老師掌握了同學們在學習成績上的生殺大權。

問題十一：您認為學生在有使用者付費的觀念下，有義務要支付老師上課時所撰寫列印出來講義的費用

參與人數（N）	最低選項（Min）	最高選項（Max）	平均值（Mean）	標準差（SD）
254	1	5	3.05	0.91

既然同學們對使用者付費的制度有一些遲疑，但對老師自己所撰寫列印出來的講義，又勉強願意付出費用，這似乎與前面問題的回答有一些衝突，好似對老師上課的付費較為客氣，但對實習課又有一點保留，畢竟對此問題也只剛剛超過一半左右的同學有此想法。

問題十二：若此上課所使用講義的費用可以很經濟實惠，您認為自己與同學們都可以有一份正本且有版權的講義，而不是去拷貝講義

參與人數（N）	最低選項（Min）	最高選項（Max）	平均值（Mean）	標準差（SD）
254	1	5	3.59	0.87

在此問題的回答當中，我們可以更明確的了解到，大部分同學們，是願意擁有合法有版權的智慧財產物的，可能只是因為價格太高，才會採用非法的手段去複製，使用經濟實惠的講義時，有就是說費用是便宜的時候，多數同學還是可以接受的。但是此題目並沒有說經濟實惠是代表多少的金額，也可能說這還是有一些空間是可以被討論的。

問題十三：您認為數位印刷機制一旦被完善的建置起來，有助於降低自己與同學們在教科書使用上的經濟之負擔

參與人數（N）	最低選項（Min）	最高選項（Max）	平均值（Mean）	標準差（SD）
249	1	5	3.88	0.69

同學們在此問題的回答上，是屬於相當正面回覆的，平均數也算高達 3.88，基本上是認為數位印刷機制的建立，是會有助於教科書費用的降低的。

問題十四：您認為數位印刷機制一旦被完善的建置起來，有助於解決部分自己與同學們在教科書紙張上的環保問題

參與人數（N）	最低選項（Min）	最高選項（Max）	平均值（Mean）	標準差（SD）
247	2	5	3.90	0.68

不可否認的，當書本使用減少的同時，紙張的使用量當然也會降低使用，因為每一本書基本上都會使用在教學上，不太會有浪費的機會，學生認為當然有助於降低環保問題的發生。

問題十五：您認為數位印刷機制一旦被完善的建置起來，將可以提昇老師教學的品質與較易達到學習的目標

參與人數（N）	最低選項（Min）	最高選項（Max）	平均值（Mean）	標準差（SD）
248	1	5	3.73	0.70

同學們對教學的品質上，基本上大多數的同學是認同的，這數位印刷機制的建立，是可以幫助並提昇教師的教學品質，並進而較易達成學習的目標的。

問題十六：您認為數位印刷機制一旦被完善的建置起來，將可以提昇同學們學習的品質與較易達到學習的目標

參與人數（N）	最低選項（Min）	最高選項（Max）	平均值（Mean）	標準差（SD）
248	2	5	3.74	0.68

同學們在回答此問題，與前一個問題的想法非常的雷同，兩者之間幾乎是沒有差異的，也就是說多數的同學們也認同數位印刷機制是會提高學習的品質，並同時較易達成學習的目標的。

問題十七：您認為數位印刷機制一旦被完善的建置起來，在課程的學習上，較有機會吸取較新穎與較即時的知識與學習的資訊與資料

參與人數（N）	最低選項（Min）	最高選項（Max）	平均值（Mean）	標準差（SD）
248	1	5	3.98	0.64

同學以非常高的認同來回答此問題，數位印刷機制的建立，是真正能導引最新的資訊與資料進入到整體的教學系統中的，換句話說，學生是很高興能有這樣的機制產生，來加強學習的意願與效果的。

問題十八：在課程的學習上，您會認為自己與同學們有義務要在第一次上課之前，了解到老師授課的資料與資訊，包含上課的內容、方式、教科書、作業與考試等

參與人數（N）	最低選項（Min）	最高選項（Max）	平均值（Mean）	標準差（SD）
246	1	5	4.01	0.76

同學也以非常高的認同來回答此問題，但這題是要求學生自己必須在上第一次課前，將上課的資訊先行做一些研讀，以便能充分了解上課的教學目標，我們可從這題同學的反應，了解到學生也是會花心思去讀書的，卻是令人有些訝異，但又是一種欣慰的感覺。

問題十九：在課程的學習上，您會認為老師有義務要在授課前，要將老師授課的資料與資訊，包含上課的內容、方式、教科書、作業與考試等，公佈並放置於網路上

參與人數（N）	最低選項（Min）	最高選項（Max）	平均值（Mean）	標準差（SD）
247	1	5	4.05	0.76

誠如前一題所得到的答案，老師們也必須要配合的，在上課之前，也必須好好的做功課，要將教學相關的資訊透過網路，將所有必須要有的資訊，放置於相關的網址上，以方便同學去了解課程，達成雙贏的結果，老師與學生大家都因彼此良好的互動，共同達成教學與學習的目的。

問題二十：您認為數位印刷機制一旦被完善的建置起來，在課程學習上所需的平面資料（講義與教科書的部分章節等），應該由誰來負責訂購這些資料

□自己上網訂購 □班代統一負責訂購 □老師代為訂購 □其他

	頻率	百分比率
自己上網訂購	31	12.2 %
班代統一負責訂購	168	66.1 %
老師代為訂購	37	14.6 %

其他	11	4.3 %
參與此題做答人數	247	97.2 %
未填此題人數	7	2.8 %
總人數	254	100 %

班代在台灣求學過程當中，所扮演的特殊地位與角色，不是一般人能夠知道這職務的辛苦的，除非你自己曾經是受害者，從此題的回答得之，同學們在大學的教育中，仍然仰賴班代來東做事西做事，連訂購自己需要採買的上課學習的資料，也希望要求班代表來提供服務的人居多，高達百分之六十六，部分同學認為連老師都應該要為此事負責，幫同學們來處理此事，而也只有一成出頭的同學，認為應該是自己份內的工作。

問題二十一：您認為數位印刷機制一旦被完善的建置起來，在課程學習上所需的平面資料（講義與教科書的部分章節等），應該由誰來負責領取這些資料

□ 自己去相關單位領取 □ 班代統一負責領取 □ 老師帶來課堂上發放 □ 其他

	頻率	百分比率
自己去相關單位領取	25	9.8 %
班代統一負責領取	170	66.9 %

老師帶來課堂上發放	44	17.3 %
其他	8	3.1 %
參與此題做答人數	247	97.2 %
未填此題人數	7	2.8 %
總人數	254	100 %

既然由班代負責採購上課需要學習的資料，理所當然的應該也由班代表，再來提供服務去領取這些資料，也是高達約百分之六十七，有四十四位同學認為連老師應該是比較方便的為此事負責，而覺得自己應該領取資料的同學人數，則向下調整到二十五位，這些回答是在告訴我們說，學生是越來越偷懶了，還是越來越懂得善於應用資源來分擔工作，甚至還是父母與老師們習慣性的寵愛所造成。

問題二十二： 您認為學習一門課程，合理可以負擔的教科書與講義等費用為

□ 0-100 元 □ 101-200 元 □ 201-300 元 □ 301-400 元

□ 401 元以上

	頻率	百分比率
0-100 元	56	22.0 %
101-200 元	75	29.5 %
201-300 元	84	33.1 %
301-400 元	26	10.2 %

401 元以上	7	2.8 %
參與此題做答人數	248	97.6 %
未填此題人數	6	2.4 %
總人數	254	100 %

誠如前面問題的分析一般，談到金錢，同學們的神經就比較敏感一些，只有七位同學認為，數位印刷機制下教學課程資料，是可以超過四百元的，約三分之一的同學認為應該花費在兩百到三百元之間，大約三成學生比較能夠接受在一百元到兩百元中間，但也有同學認為應該低於一百元才是。我們都知道在美國的教科書的價格是不低的，看看台灣的書價，確實是便宜不少，也深深以為在台灣求學的學生相對是幸福的，教科書或是教學資料的費用看起來是不算高的，如果大學生連此費用都繳交不出來，那昂貴的學費，哪有可能付清呢？大學生申請助學貸款的比例年年增加，一位就讀私立大學的學生，在完成大學畢業後，最少要背負四十萬以上的學費債務，實在是不容易想像，一位剛出校門的大學生，背負如此的債務，真是不知道笑不笑得出來，所以教科書等資料的費用，就有待相關人等的努力，能夠少算一些就可少算一些吧，大家來共同努力將此機制好好的建立起來，不為自己也為我們下一代來造福。

二、研究假設一

整體（兩百五十四位）學生參與問卷之作答，其回答之資料的匯整，將呈現於附錄三。可由附錄三的資料得之，在百分之九十的信心指數下，有第四、五、七、八、九、十、十一、十二、十三、十五、十六、十七與十八等，兩個群組－圖文傳播學系與非圖文傳播學系的同學，對數位印刷機制中的上述議題，都有不同的看法，在十九題當中，竟然有十三題是兩個系學生有不同的想法的，也只有一、二、三、六、十四、與十九等六題，有較為相同的看法的。

三、研究假設二

整體（兩百五十四位）學生參與問卷之作答，其回答之資料的彙整，將呈現於附錄四。可由附錄四的資料得之，在百分之九十的信心指數下，有第四、八、十、十一、十三、十四、十五、十六、十七與十八等，大學各年級學生中，對數位印刷機制中的議題，都有不同的看法。而一、二、三、五、六、七、九、十二、與十九等題，彼此之間是比較有相同看法的。共有四個不同年級的大學生，亦即有四個不同的組別，其彼此之間的關係可由 Post Hoc Tests 來表示，我們就不再個別的加以論述，其相互間的互動關係請參考附錄四。

第八節、研究建議

此研究僅就兩個學系的學生來做研究，我們還可以擴大範圍之，我們知道倘若要數位印刷機制有成功的可能，除了要了解組成份子－學生的想法之外，其他的角色也必須要了解，例如老師的看法又是什麼呢？而出版社的立場與想法又是如何呢？甚至是其他比較次要，或說是配合角色的看法又是如何的呢？

一個新的機制的建立，絕對不是件容易的事，除了軟硬體的配合，這一些非與「人」直接相關的議題，都是可以被接受的，但麻煩的事卻是與人有關的事情，經濟學在基本的理論就是供需的理論，看一看供需是否達到平衡，即可知道對應的策略為何，筆者認為教師、學生、與出版社是數位印刷機制應用在教學機制中，扮演著最為重要的角色，資金與技術早已經不是問題了，只有待上述三類角色的配合，才可使得此數位印刷機制應用在教學的出版中。

第九章、參考文獻

一、中文部分

1.李凌霄. (2003). E-化後印刷業的致勝關鍵, *台灣印刷人協會*. 台北，台灣.

2.那福忠. (民 94a, March 20). POD：印刷轉型的動力. Retrieved April 15, 2005, from http://www.handbox.com.tw/epaper/index.php?option=com_content&task=view&id=18&Itemid=40

3.那福忠. (民 94b, June 20). 不光是印刷. Retrieved July 8, 2005, from http://www.handbox.com.tw/epaper/index.php?option=com_content&task=view&id=57&Itemid=40

4.那福忠. (民 94c, June 30). 按需印刷幫你美容. Retrieved July 8, 2005, from http://www.handbox.com.tw/epaper/index.php?option=com_content&task=view&id=61&Itemid=40

5.那福忠. (民 94d, February 20). 量身定做的出版型態. Retrieved April 15, 2005, from http://www.handbox.com.tw/epaper/index.php?option=com_content&task=view&id=15&Itemid=40

6.那福忠. (民 94e, June 1). 數位印書搖動了出版生態. Retrieved July 8, 2005, from http://www.handbox.com.tw/epaper/index.php?option=com_content&task=view&id=55&Itemid=40

7.陳穎柔. (2005, September 8). 美大學教科書 價格漲不停。 *工商時報。*

8.楊净. (2005). *數字印刷及應用。* 北京: 化學工業出版社。

9.溫世仁. (2003). 未來人類閱讀習慣改變，閱讀軟體與實體通路銷售的關係是什麼？, *數位出版高峰論壇。* 台北， 台灣。

10.詹宏志. (2003). 台灣發展數位出版的關鍵與策略, *數位出版高峰論壇。* 台北，台灣。

11.蔡順慈. (2003). 數位典藏的加值應用, *數位出版高峰論壇。* 台北，台灣。

12.薛良凱. (2003). 全球數位出版的發展解析, *數位出版高峰論壇。* 台北，台灣。

二、英文部分

1.Alexander, G. (2003). Digital Printing. In W. E. Kasdorf (Ed.), The Columbia guide to digital publishing (pp. 369-392). New York: Columbia University Press.

2.Anderson, M., Eisley, W., Howard, A., Romano, F., & Witkowski, M. (1998). *Pdf printing and publishing: The next revolution after gutenberg* (2nd ed.). Torrance, CA: Micro Publishing Press.

3.*Best practice in personalized print.* (2000, June). West Henrietta, NY: The Digital Printing initiative.

4.Broudy, D., & Romano, F. (1999). *Personalized & database printing: The complete guide.* Torrance, CA: Micro Publishing Press.

5.Clinkunbroomer, J. (2005, May). VDP: Work you just cannot do on offset-we track graphic arts success with personalized digital printing. Retrieved July 20, 2005, from http://www.dpsmagazine.com/Content/ContentCT.asp?P=219

6.Cullen, C. D. (2005, January). Transactional printers: Part two of a three-part series - feeding operations with new hardware: Falling print volume due to online bill payment is causing headaches for many transactional printers. Retrieved July 12, 2005, from http://www.dpsmagazine.com/content/ContentCT.asp?P=208

7.Davis, D. (2004a). *Freeflow variable information workflow.*

Anaheim, CA: INTERQUEST Ltd.

8.Davis, D. (2004b). *Workflow for digital book production.* Anaheim, CA: INTERQUEST Ltd.

9.*Designing for digital.* (2002). Alexandria: Virginia: Printing Industries of America: Digital Printing Council.

10.Digital roadmaps: Computer-to-plate technology. (2000). Retrieved January 31, 2000, from http://www.agfahome.com /roadmaps/whitepapers/home.html

11.Fenton, H. (2000). On-demand printing: Show me the money, *Graph Expo 2000 and Converting Expo 2000*. Chicago.

12.Ford, C. (2005, May). Digital book production: Short runs add up to big volumes-the volume of digitally-printed books is growing and expected to continue at a rising pace. Retrieved July 12, 2005, from http://www.dpsmagazine.com/Content/ContentCT. asp?P=215

13.Hevenor, K. (2003). Perspective: Ed Marino. *Electronic Publishing, 27*(7), 12-14.

14.Hilts, P. (1997). The road ahead. *Publishers Weekly, 244*(31), 125-128.

15.Hitchcock, N. A. (2003). Print personalization programs

propel growth for impact marketing. *Electronic Publishing, 27*(4), 40-41.

16.Kasdorf, W. E. (2003). Introduction: Publishing in today's digital era. In W. E. Kasdorf (Ed.), The Columbia guide to digital publishing (pp. 1-31). New York: Columbia University Press.

17.Kipphan, H. (2003). State of the art and future directions in print media production, *Taiwan Printer's Club.* Taipei, Taiwan.

18.Levenson, H. R. (2000). *Understanding graphic communications: Selected readings*. Sewickley, PA: GATF Press.

19.McIlroy, T. (2003). Composition, design, and graphics. In W. E. Kasdorf (Ed.), The Columbia guide to digital publishing (pp. 219-324). New York: Columbia University Press.

20.Miley, M. (2003a). Building a variable-data printing solution. *Electronic Publishing, 27*(4), 27-30.

21.Miley, M. (2003b). Distribute & print for corporate and commercial markets. *Electronic Publishing, 27*(7), 16-20.

22.Nexpress 2100 becomes first pantone-licensed digital press in its class. (2003, September 19). Retrieved January

4, 2004, from http://www.capv.com/content/News /2003/09/19/091903.2

23.Paparozzi, A. (2000). Anticipating future print demand, *Graph Expo 2000 and Converting Expo 2000*. Chicago.

24.Peck, G. A. (2005, May). Facts and fiction surrounding personalized print- a look at the possibilities and challenges VDP can bring to the graphic arts. Retrieved July 16, 2005, from http://www.digitaloutput.net /Content/ContentCT.asp?P=627

25.Pellow, B. (2004, June). Investing in digital color - understanding how the process fits into your business is key. Retrieved July 21, 2005, from http://www.digitaloutput.net/content/ContentCT.as p?P=509

26.Pickett, C. M. (2002). The fact and fiction of cross-media publishing. *Digital Prepress, 10*(2).

27.Renear, A. & Salo, D. (2003). Electronic books & the open eBook publication structure. In W. E. Kasdorf (Ed.), The Columbia guide to digital publishing (pp. 455-520). New York: Columbia University Press.

28.Romano, F. J. (1999). Digital printing and the future of print. *Technical Association of the Graphic Arts Newsletter, 132*, 4 & 9.

29.Romano, F. J. (2000). *Digital printing: Mastering on-demand and variable data printing for profit.* San Diego, CA: Windsor Professional Information, LLC.

30.Roth, J. (2000). Managing the printing operation in times of change, *Graph Expo 2000 and Converting Expo 2000*. Chicago.

31.Ryan, G. (2000). 2000 technology trends, *Annual Conference of the International Graphic Arts Education Association*: Williamsport, PA.

32.Sherburne, C. (2004). *How to gain business productivity with digital print on demand.* New York: Sherburne Associates.

33.Smith, M. (2005). Variable data printing -building the variable database. Retrieved July 12, 2005, from http://www.piworld.com/doc/283268101149484.bsp

34.Tolliver-Nigro, H. (2005a). *Digital color printing: It's mainstream, baby!* New York: TrendWatch Graphic Arts.

35.Tolliver-Nigro, H. (2005b). *Variable data printing 2005.* New York: TrendWatch Graphic Arts.

36. *Vision 21: The printing industry redefined for the 21st century*. (2000).). Sewickley, PA: Printing Industries of America.

37. Webb, J. W. (2000). Trendwatch: Trends that affect you and your business, *Graph Expo 2000 and Converting Expo 2000*. Chicago.

38. Weston, C. F. (2005, January). VDP roundup; part one: Software-what is easier to do, harder to sort out? Retrieved July 12, 2005, from http://www.dpsmagazine.com/content/ContentCT.asp?P=206

39. Xanedu: Utopia for the mind. (2005). Retrieved January 5, 2005, from http://www.xanedu.com

40. Xerox manual and book factory. (2002). Xerox Corp.

第十章、附錄

附錄一：問卷

數位印刷模型在大學教學中扮演角色之問卷調查

數位印刷機制是以數位印刷機以教學上常用的教學工具-教科書，將其在教學上必須被教授的部分章節內容列印出來，且可以不僅只是一本教科書，而是多本教科書的情形之下，再加上老師們自己為補充教科書的不足而撰寫的講義，將其結集成冊或裝訂成書。此列印並裝訂之教科書與講義，得對學生收取費用的一個機制，但其中必須要有老師與同學們以及其他相關單位的支持與協助，才有實施的可能性。在此以問卷的方式，來請教在教學中最重要的兩個角色－學生們與老師們的看法，以便能了解並評估此機制的可行性。

第一部份：您的個人基本資料

A. 性別：□ 男 □女

B. 年級：□ 一年級 □ 二年級 □ 三年級 □ 四年級

C. 就讀學系：

□ 新聞學系 □ 數位多媒體設計學系 □ 公共關係暨廣告學系 □ 資訊傳播學系 □ 廣播電視電影學系

□語傳播學系 □ 傳播管理學系 □ 圖文傳播暨數位出版學系

第二部份：問卷

此為數位印刷機制的相關議題而設計的一份問卷，希望了解您對這數位印刷機制在教學上的可行性之了解。以 Likert Scale 的度量為基準，依序為：「非常不同意」；「不同意」；「普通」；「同意」；「非常同意」。請依您的看法於題號後勾選。

1. 在課程的學習上，您會希望老師選擇使用教科書來授課

   □ 非常不同意 □ 不同意 □ 普通 □同意 □ 非常同意

2. 您認為教科書在課程的學習上，是扮演著很重要的角色

   □ 非常不同意 □ 不同意 □ 普通 □同意 □ 非常同意

3. 在課程學習上，您認為老師選擇一本教科書，就能滿足您的學習目標

   □ 非常不同意 □ 不同意 □ 普通 □同意 □ 非常同意

4. 在不需考量經濟上的負擔下，您認為在課程學習上，需要多本的教科書才能滿足您的學習目標

   □ 非常不同意 □ 不同意 □ 普通 □同意 □ 非常同意

5. 若在僅使用一本教科書的情形下，您認為老師應該將教科書之內容全部教授完畢，以便來滿足課程學習的目標

   □ 非常不同意 □ 不同意 □ 普通 □同意 □ 非常同意

6. 若在僅使用一本教科書的情形下，但若老師未能將教科書的內容全部教授完畢，您多少會認為有些浪費所支出的教科書費用

□ 非常不同意 □ 不同意 □ 普通 □同意 □ 非常同意

7. 在僅使用一本教科書的情形下，您多少會認為教科書在內容與資訊上，有些許跟不上時代的需求與不夠新穎或是不夠廣泛

□ 非常不同意 □ 不同意 □ 普通 □同意 □ 非常同意

8. 在僅使用一本教科書的情形下，您會認為老師有必要撰寫講義來輔助學習，以彌補教科書上的不足，來滿足課程學習的目標

□ 非常不同意 □ 不同意 □ 普通 □同意 □ 非常同意

9. 您認為除了在開學前所繳交的學雜費用外，課堂上的與實習課的學習上，同學們需支付外加的費用（如講義與實習耗材等費用），這種使用者付費的觀念是可以接受的

□ 非常不同意 □ 不同意 □ 普通 □同意 □ 非常同意

10. 您認為老師在教學上，使用老師自己所撰寫的講義等，應視為老師的智慧財產權

□ 非常不同意 □ 不同意 □ 普通 □同意 □ 非常同意

11. 您認為學生在有使用者付費的觀念下，有義務要支付老師上課時所撰寫列印出來講義的費用

□ 非常不同意 □ 不同意 □ 普通 □同意 □ 非常同意

12. 若此上課所使用講義的費用可以很經濟實惠，您認為自己與同學們都可以有一份正本且有版權的講義，而不是去拷貝講義

□ 非常不同意 □ 不同意 □ 普通 □同意 □ 非常同意

13. 您認為數位印刷機制一旦被完善的建置起來，有助於降低自己與同學們在教科書使用上的經濟之負擔

□ 非常不同意 □ 不同意 □ 普通 □同意 □ 非常同意

14. 您認為數位印刷機制一旦被完善的建置起來，有助於解決部分自己與同學們在教科書紙張上的環保問題

□ 非常不同意 □ 不同意 □ 普通 □同意 □ 非常同意

15. 您認為數位印刷機制一旦被完善的建置起來，將可以提昇老師教學的品質與較易達到學習的目標

□ 非常不同意 □ 不同意 □ 普通 □同意 □ 非常同意

16. 您認為數位印刷機制一旦被完善的建置起來，將可以提昇同學們學習的品質與較易達到學習的目標

□ 非常不同意 □ 不同意 □ 普通 □同意 □ 非常同意

17. 您認為數位印刷機制一旦被完善的建置起來，在課程的學習上，較有機會吸取較新穎與較即時的知識與學習的資訊與資料

□ 非常不同意 □ 不同意 □ 普通 □同意 □ 非常同意

18. 在課程的學習上，您會認為自己與同學們有義務要在第一次上課之前，了解到老師授課的資料與資訊，包

含上課的內容、方式、教科書、作業與考試等

□ 非常不同意 □ 不同意 □ 普通 □同意 □ 非常同意

19. 在課程的學習上，您會認為老師有義務要在授課前，要將老師授課的資料與資訊，包含上課的內容、方式、教科書、作業與考試等，公佈並放置於網路上

□ 非常不同意 □ 不同意 □ 普通 □同意 □ 非常同意

20. 您認為數位印刷機制一旦被完善的建置起來，在課程學習上所需的平面資料（講義與教科書的部分章節等），應該由誰來負責訂購這些資料

□ 自己上網訂購 □ 班代統一負責訂購

□ 老師代為訂購 □ 其他

21. 您認為數位印刷機制一旦被完善的建置起來，在課程學習上所需的平面資料（講義與教科書的部分章節等），應該由誰來負責領取這些資料

□ 自己去相關單位領取 □ 班代統一負責領取

□ 老師帶來課堂上發放 □ 其他

22. 您認為學習一門課程，合理可以負擔的教科書與講義等費用為

□ 0-100 元 □ 101-200 元 □ 201-300 元

□ 301-400 元 □ 401 元以上

附錄二：問卷內容之基本統計資料

題號	參與人數（N）	最低選項（Min）	最高選項（Max）	平均值（Mean）	標準差（SD）
1	254	1	5	3.19	0.89
2	254	1	5	3.23	0.78
3	254	1	5	2.48	0.88
4	254	1	5	3.37	0.97
5	254	1	5	2.84	0.92
6	254	1	5	3.62	0.90
7	254	1	5	3.84	0.76
8	253	2	5	4.04	0.68
9	254	1	5	2.89	1.09
10	254	2	5	3.88	0.69
11	254	1	5	3.05	0.91
12	254	1	5	3.59	0.87
13	249	1	5	3.88	0.69
14	247	2	5	3.90	0.68
15	248	1	5	3.73	0.70
16	248	2	5	3.74	0.68
17	248	1	5	3.98	0.64
18	246	1	5	4.01	0.76
19	247	1	5	4.05	0.76

第二十題

	頻率	百分比率
自己上網訂購	31	12.2 %
班代統一負責訂購	168	66.1 %
老師代為訂購	37	14.6 %
其他	11	4.3 %
參與此題做答人數	247	97.2 %
未填此題人數	7	2.8 %
總人數	254	100 %

第二十一題

	頻率	百分比率
自己上網訂購	31	12.2 %
班代統一負責訂購	168	66.1 %
老師代為訂購	37	14.6 %
其他	11	4.3 %
參與此題做答人數	247	97.2 %
未填此題人數	7	2.8 %
總人數	254	100 %

第二十二題

	頻率	百分比率
0-100 元	56	22.0 %
101-200 元	75	29.5 %
201-300 元	84	33.1 %
301-400 元	26	10.2 %
401 元以上	7	2.8 %
參與此題做答人數	248	97.6 %
未填此題人數	6	2.4 %
總人數	254	100 %

附錄三：圖文傳播相關學系學生與非相關學系學生對數位印刷機制看法的比較（T-檢定）

題號	F	Sig.	T	df
1	6.89	0.009	-5.184	252
2	10.788	0.001	-4.098	252
3	8.373	0.004	-3.315	252
4	0.006	0.936	-1.313	252
5	0.035	0.851	-1.988	252
6	7.979	0.005	2.333	252
7	1.586	0.209	-1.749	252
8	2.853	0.092	-0.556	251
9	0.402	0.527	-0.792	252
10	0.002	0.960	-1.281	252
11	0.016	0.899	0.154	252
12	0.104	0.748	-0.795	252
13	2.805	0.095	0.03	247
14	8.706	0.003	1.107	245
15	2.577	0.110	1.79	246
16	0.008	0.930	0.254	246
17	0.245	0.621	1.135	246
18	0.262	0.609	-1.585	244
19	6.132	0.014	-2.965	245

附錄四：大學生各年級之間，對數位印刷用於教學機制的看法的差異。(ANOVA-檢定)

題號	df	F	Sig.
1	3	9.482	0
2	3	7.125	0
3	3	4.776	0.003
4	3	1.955	0.121
5	3	3.473	0.017
6	3	4.655	0.003
7	3	3.104	0.027
8	3	0.725	0.538
9	3	3.46	0.017
10	3	0.622	0.601
11	3	1.442	0.231
12	3	2.786	0.041
13	3	1.973	0.119
14	3	0.741	0.528
15	3	1.780	0.152
16	3	0.327	0.806
17	3	1.519	0.210
18	3	1.204	0.309
19	3	3.141	0.026

Post Hoc Tests

Multiple Comparisons （LSD）

Dependent Variable	（I）Grade	（J）Grade	Mean Diff.（I-J）	Std. Error	Sig.
問題一	Freshman	Sophomore	-0.46	0.13	0.001
		Junior	-0.6	0.16	0
		Senior	-0.67	0.16	0
	Sophomore	Freshman	0.46	0.13	0.001
		Junior	-0.14	0.17	0.414
		Senior	-0.21	0.17	0.229
	Junior	Freshman	0.6	0.16	0
		Sophomore	0.14	0.17	0.414
		Senior	-6.61E-02	0.2	0.735
	Senior	Freshman	0.67	0.16	0
		Sophomore	0.21	0.17	0.229
		Junior	6.61E-02	0.2	0.735
問題二	Freshman	Sophomore	-0.26	0.12	0.026
		Junior	-0.42	0.14	0.004
		Senior	-0.59	0.14	0
	Sophomore	Freshman	0.26	0.12	0.026
		Junior	-0.15	0.16	0.334
		Senior	-0.32	0.15	0.037
	Junior	Freshman	0.42	0.14	0.004
		Sophomore	0.15	0.16	0.334
		Senior	-0.17	0.17	0.324
	Senior	Freshman	0.59	0.14	0
		Sophomore	0.32	0.15	0.037
		Junior	0.17	0.17	0.324
問題三	Freshman	Sophomore	-0.24	0.13	0.079
		Junior	-0.56	0.16	0.001
		Senior	-0.38	0.16	0.02
	Sophomore	Freshman	0.24	0.13	0.079
		Junior	-0.32	0.18	0.072
		Senior	-0.14	0.18	0.422

	Junior	Freshman	0.56	0.16	0.001
		Sophomore	0.32	0.18	0.072
		Senior	0.18	0.2	0.368
	Senior	Freshman	0.38	0.16	0.02
		Sophomore	0.14	0.18	0.422
		Junior	-0.18	0.2	0.368
問題四	Freshman	Sophomore	-0.32	0.15	0.037
		Junior	8.91E-02	0.18	0.626
		Senior	-0.14	0.18	0.43
	Sophomore	Freshman	0.32	0.15	0.037
		Junior	0.4	0.2	0.044
		Senior	0.17	0.2	0.384
	Junior	Freshman	-8.91E-02	0.18	0.626
		Sophomore	-0.4	0.2	0.044
		Senior	-0.23	0.22	0.3
	Senior	Freshman	0.14	0.18	0.43
		Sophomore	-0.17	0.2	0.384
		Junior	0.23	0.22	0.3
問題五	Freshman	Sophomore	-2.13E-02	0.14	0.88
		Junior	-0.45	0.17	0.009
		Senior	-0.37	0.17	0.032
	Sophomore	Freshman	2.13E-02	0.14	0.88
		Junior	-0.43	0.19	0.023
		Senior	-0.34	0.19	0.065
	Junior	Freshman	0.45	0.17	0.009
		Sophomore	0.43	0.19	0.023
		Senior	8.32E-02	0.21	0.692
	Senior	Freshman	0.37	0.17	0.032
		Sophomore	0.34	0.19	0.065
		Junior	-8.32E-02	0.21	0.692
問題六	Freshman	Sophomore	0.45	0.14	0.001
		Junior	-7.26E-02	0.17	0.662
		Senior	0.27	0.16	0.108
	Sophomore	Freshman	-0.45	0.14	0.001
		Junior	-0.53	0.18	0.004
		Senior	-0.19	0.18	0.298
	Junior	Freshman	7.26E-02	0.17	0.662

		Sophomore	0.53	0.18	0.004
		Senior	0.34	0.2	0.097
	Senior	Freshman	-0.27	0.16	0.108
		Sophomore	0.19	0.18	0.298
		Junior	-0.34	0.2	0.097
問題七	Freshman	Sophomore	-0.16	0.12	0.175
		Junior	4.51E-02	0.14	0.749
		Senior	-0.38	0.14	0.006
	Sophomore	Freshman	0.16	0.12	0.175
		Junior	0.2	0.15	0.188
		Senior	-0.23	0.15	0.142
	Junior	Freshman	-4.51E-02	0.14	0.749
		Sophomore	-0.2	0.15	0.188
		Senior	-0.43	0.17	0.013
	Senior	Freshman	0.38	0.14	0.006
		Sophomore	0.23	0.15	0.142
		Junior	0.43	0.17	0.013
問題八	Freshman	Sophomore	-6.20E-02	0.11	0.562
		Junior	7.14E-02	0.13	0.579
		Senior	-0.14	0.13	0.271
	Sophomore	Freshman	6.20E-02	0.11	0.562
		Junior	0.13	0.14	0.345
		Senior	-7.85E-02	0.14	0.575
	Junior	Freshman	-7.14E-02	0.13	0.579
		Sophomore	-0.13	0.14	0.345
		Senior	-0.21	0.16	0.179
	Senior	Freshman	0.14	0.13	0.271
		Sophomore	7.85E-02	0.14	0.575
		Junior	0.21	0.16	0.179
問題九	Freshman	Sophomore	-0.14	0.17	0.396
		Junior	-0.47	0.2	0.021
		Senior	0.3	0.2	0.138
	Sophomore	Freshman	0.14	0.17	0.396
		Junior	-0.33	0.22	0.141
		Senior	0.44	0.22	0.046
	Junior	Freshman	0.47	0.2	0.021
		Sophomore	0.33	0.22	0.141

		Senior	0.77	0.25	0.002
	Senior	Freshman	-0.3	0.2	0.138
		Sophomore	-0.44	0.22	0.046
		Junior	-0.77	0.25	0.002
問題十	Freshman	Sophomore	-8.89E-02	0.11	0.408
		Junior	-0.1	0.13	0.436
		Senior	-0.16	0.13	0.226
	Sophomore	Freshman	8.89E-02	0.11	0.408
		Junior	-1.27E-02	0.14	0.929
		Senior	-6.74E-02	0.14	0.633
	Junior	Freshman	0.1	0.13	0.436
		Sophomore	1.27E-02	0.14	0.929
		Senior	-5.48E-02	0.16	0.731
	Senior	Freshman	0.16	0.13	0.226
		Sophomore	6.74E-02	0.14	0.633
		Junior	5.48E-02	0.16	0.731
問題十一	Freshman	Sophomore	-0.11	0.14	0.435
		Junior	-2.02E-02	0.17	0.906
		Senior	0.27	0.17	0.112
	Sophomore	Freshman	0.11	0.14	0.435
		Junior	9.08E-02	0.19	0.629
		Senior	0.38	0.19	0.041
	Junior	Freshman	2.02E-02	0.17	0.906
		Sophomore	-9.08E-02	0.19	0.629
		Senior	0.29	0.21	0.166
	Senior	Freshman	-0.27	0.17	0.112
		Sophomore	-0.38	0.19	0.041
		Junior	-0.29	0.21	0.166
問題十二	Freshman	Sophomore	-0.12	0.13	0.382
		Junior	0.21	0.16	0.186
		Senior	-0.33	0.16	0.041
	Sophomore	Freshman	0.12	0.13	0.382
		Junior	0.33	0.18	0.062
		Senior	-0.21	0.18	0.228
	Junior	Freshman	-0.21	0.16	0.186
		Sophomore	-0.33	0.18	0.062
		Senior	-0.54	0.2	0.006

	Senior	Freshman	0.33	0.16	0.041
		Sophomore	0.21	0.18	0.228
		Junior	0.54	0.2	0.006
問題十三	Freshman	Sophomore	-0.12	0.11	0.284
		Junior	0.24	0.13	0.077
		Senior	-9.78E-03	0.13	0.939
	Sophomore	Freshman	0.12	0.11	0.284
		Junior	0.35	0.15	0.016
		Senior	0.11	0.14	0.454
	Junior	Freshman	-0.24	0.13	0.077
		Sophomore	-0.35	0.15	0.016
		Senior	-0.25	0.16	0.127
	Senior	Freshman	9.78E-03	0.13	0.939
		Sophomore	-0.11	0.14	0.454
		Junior	0.25	0.16	0.127
問題十四	Freshman	Sophomore	3.47E-02	0.11	0.746
		Junior	0.13	0.13	0.324
		Senior	0.17	0.13	0.196
	Sophomore	Freshman	-3.47E-02	0.11	0.746
		Junior	9.71E-02	0.14	0.503
		Senior	0.13	0.14	0.349
	Junior	Freshman	-0.13	0.13	0.324
		Sophomore	-9.71E-02	0.14	0.503
		Senior	3.41E-02	0.16	0.832
	Senior	Freshman	-0.17	0.13	0.196
		Sophomore	-0.13	0.14	0.349
		Junior	-3.41E-02	0.16	0.832
問題十五	Freshman	Sophomore	0.25	0.11	0.022
		Junior	7.72E-02	0.14	0.569
		Senior	7.57E-02	0.13	0.561
	Sophomore	Freshman	-0.25	0.11	0.022
		Junior	-0.17	0.15	0.24
		Senior	-0.17	0.14	0.22
	Junior	Freshman	-7.72E-02	0.14	0.569
		Sophomore	0.17	0.15	0.24
		Senior	-1.55E-03	0.16	0.992
	Senior	Freshman	-7.57E-02	0.13	0.561

		Sophomore	0.17	0.14	0.22
		Junior	1.55E-03	0.16	0.992
問題十六	Freshman	Sophomore	6.25E-02	0.11	0.559
		Junior	-7.35E-02	0.13	0.582
		Senior	3.95E-02	0.13	0.758
	Sophomore	Freshman	-6.25E-02	0.11	0.559
		Junior	-0.14	0.14	0.348
		Senior	-2.30E-02	0.14	0.869
	Junior	Freshman	7.35E-02	0.13	0.582
		Sophomore	0.14	0.14	0.348
		Senior	0.11	0.16	0.483
	Senior	Freshman	-3.95E-02	0.13	0.758
		Sophomore	2.30E-02	0.14	0.869
		Junior	-0.11	0.16	0.483
問題十七	Freshman	Sophomore	0.18	0.1	0.069
		Junior	-6.14E-02	0.13	0.624
		Senior	7.94E-02	0.12	0.509
	Sophomore	Freshman	-0.18	0.1	0.069
		Junior	-0.24	0.14	0.073
		Senior	-0.1	0.13	0.43
	Junior	Freshman	6.14E-02	0.13	0.624
		Sophomore	0.24	0.14	0.073
		Senior	0.14	0.15	0.352
	Senior	Freshman	-7.94E-02	0.12	0.509
		Sophomore	0.1	0.13	0.43
		Junior	-0.14	0.15	0.352
問題十八	Freshman	Sophomore	-0.21	0.12	0.075
		Junior	-4.18E-02	0.15	0.781
		Senior	-0.15	0.14	0.29
	Sophomore	Freshman	0.21	0.12	0.075
		Junior	0.17	0.16	0.293
		Senior	6.17E-02	0.16	0.691
	Junior	Freshman	4.18E-02	0.15	0.781
		Sophomore	-0.17	0.16	0.293
		Senior	-0.11	0.18	0.545
	Senior	Freshman	0.15	0.14	0.29
		Sophomore	-6.17E-02	0.16	0.691

		Junior	0.11	0.18	0.545
問題十九	Freshman	Sophomore	-0.33	0.12	0.006
		Junior	-0.2	0.15	0.187
		Senior	-0.3	0.14	0.039
	Sophomore	Freshman	0.33	0.12	0.006
		Junior	0.13	0.16	0.415
		Senior	2.96E-02	0.16	0.85
	Junior	Freshman	0.2	0.15	0.187
		Sophomore	-0.13	0.16	0.415
		Senior	-0.1	0.18	0.573
	Senior	Freshman	0.3	0.14	0.039
		Sophomore	-2.96E-02	0.16	0.85
		Junior	0.1	0.18	0.573

* The mean difference is significant at the .05 level.

國家圖書館出版品預行編目

數位印刷與教學應用之數位印刷機制／郝宗瑜 著. -- 一版.
臺北市:秀威資訊科技, 2005[民 94]
面；　　公分. -- 參考書目：面
ISBN 978-986-7263-80-3(平裝)
1. 印刷術 - 自動化

477.029　　　　94019653

社會科學類　AF0033

數位印刷與教學之數位印刷機制

作　　者 / 郝宗瑜
發 行 人 / 宋政坤
執行編輯 / 賴敬暉
圖文排版 / 陳湘陵
封面設計 / 莊芯媚
數位轉譯 / 徐真玉　沈裕閔
圖書銷售 / 林怡君
網路服務 / 徐國晉
法律顧問 / 毛國樑 律師
出版印製 / 秀威資訊科技股份有限公司
台北市內湖區瑞光路 583 巷 25 號 1 樓
電話：02-2657-9211　　傳真：02-2657-9106
E-mail：service@showwe.com.tw
經 銷 商 / 紅螞蟻圖書有限公司
台北市內湖區舊宗路二段 121 巷 28、32 號 4 樓
電話：02-2795-3656　　傳真：02-2795-4100
http://www.e-redant.com

2005 年 10月 BOD 一版
2007 年 3 月 BOD 三版
定價：200 元

讀　者　回　函　卡

感謝您購買本書，為提升服務品質，煩請填寫以下問卷，收到您的寶貴意見後，我們會仔細收藏記錄並回贈紀念品，謝謝！

1.您購買的書名：______________________________

2.您從何得知本書的消息？

□網路書店　□部落格　□資料庫搜尋　□書訊　□電子報　□書店

□平面媒體　□ 朋友推薦　□網站推薦　□其他__________

3.您對本書的評價：(請填代號　1.非常滿意 2.滿意 3.尚可 4.再改進)

封面設計____　版面編排____　內容____　文/譯筆____　價格____

4.讀完書後您覺得：

□很有收獲　□有收獲　□收獲不多　□沒收獲

5.您會推薦本書給朋友嗎？

□會　□不會，為什麼？______________________________________

6.其他寶貴的意見：____

____

____

____

讀者基本資料

姓名：____________________　年齡：______　性別：□女　□男

聯絡電話：________________　E-mail：____________________

地址：____

學歷：□高中(含)以下　□高中　□專科學校　□大學

□研究所(含)以上　□其他_______________

職業：□製造業　□金融業　□資訊業　□軍警　□傳播業　□自由業

□服務業　□公務員　□教職　□學生　□其他__________

請貼
郵票

To：114

台北市內湖區瑞光路 583 巷 25 號 1 樓

秀威資訊科技股份有限公司　　　收

寄件人姓名：

寄件人地址：□□□

(請沿線對摺寄回,謝謝!)

秀威與 BOD

BOD（Books On Demand）是數位出版的大趨勢，秀威資訊率先運用 POD 數位印刷設備來生產書籍，並提供作者全程數位出版服務，致使書籍產銷零庫存，知識傳承不絕版，目前已開闢以下書系：

一、BOD 學術著作—專業論述的閱讀延伸
二、BOD 個人著作—分享生命的心路歷程
三、BOD 旅遊著作—個人深度旅遊文學創作
四、BOD 大陸學者—大陸專業學者學術出版
五、POD 獨家經銷—數位產製的代發行書籍

BOD 秀威網路書店：www.showwe.com.tw
政府出版品網路書店：www.*gov*books.com.tw

永不絕版的故事・自己寫・永不休止的音符・自己唱